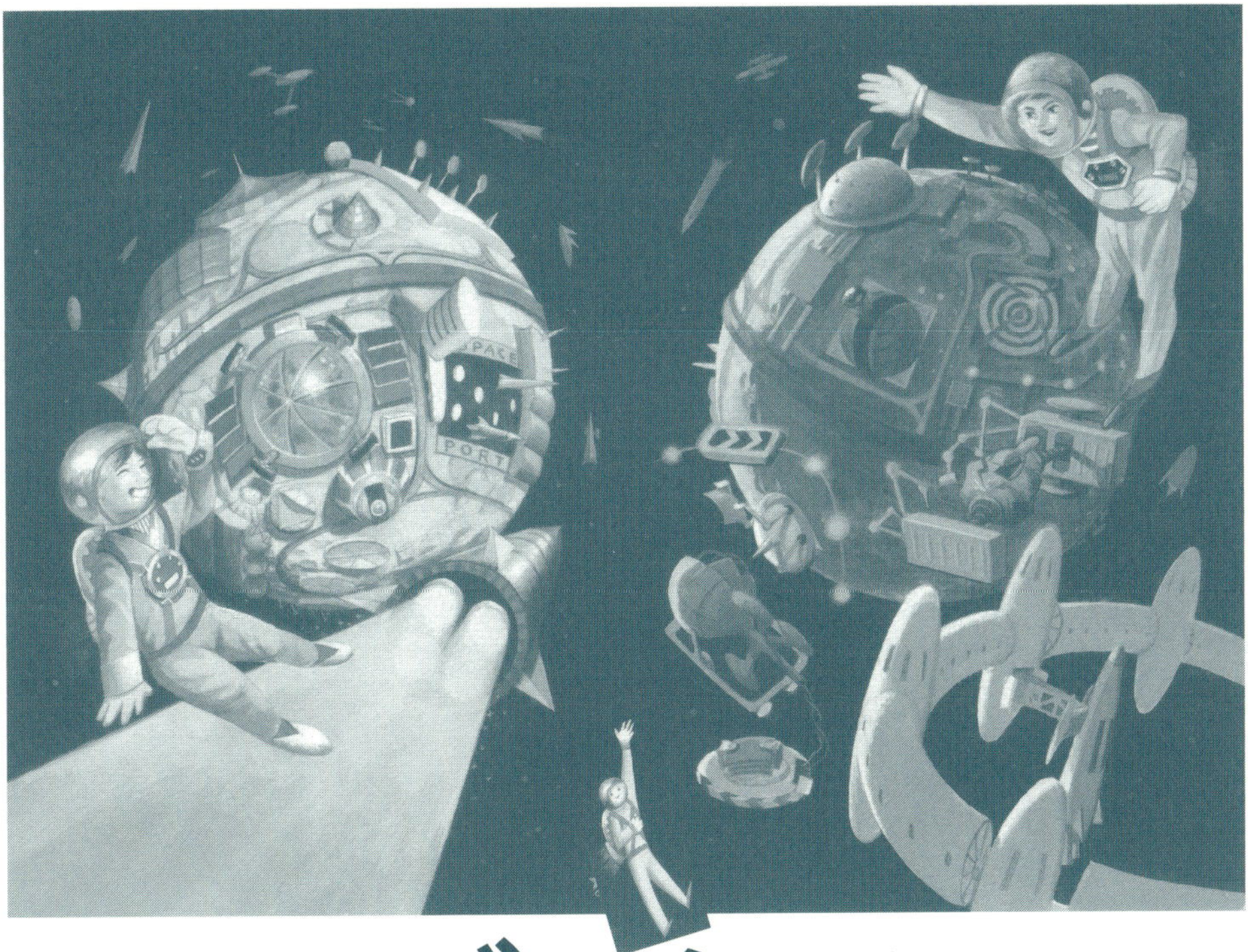

月はぼくらの宇宙港

佐伯和人

新日本出版社

図0－1　世界でもっとも有名な地球の写真（NASA）。
アポロ 17 号から撮影。

図2－1　マグマから出てくる鉱物。
マグマからは、かんらん石（上）、輝石（中）、斜長石（下）の順番に出てくる。

望遠鏡で撮影した後で、色の違いをコンピューターで強くした月。岩石のわずかな色の違いを使って月面にどんな岩石や鉱物があるかを調べることができます。

撮影・画像処理　鈴木邦彦教諭（桐蔭学園高校）

図2－3
（上）打ち上げの時を待つH－IIA13号機（JAXA）。
（左下）「かぐや（SELENE）」プロジェクトのシンボルマーク（JAXA）。
青い円は地球を、黄色い円は月をあらわしています。

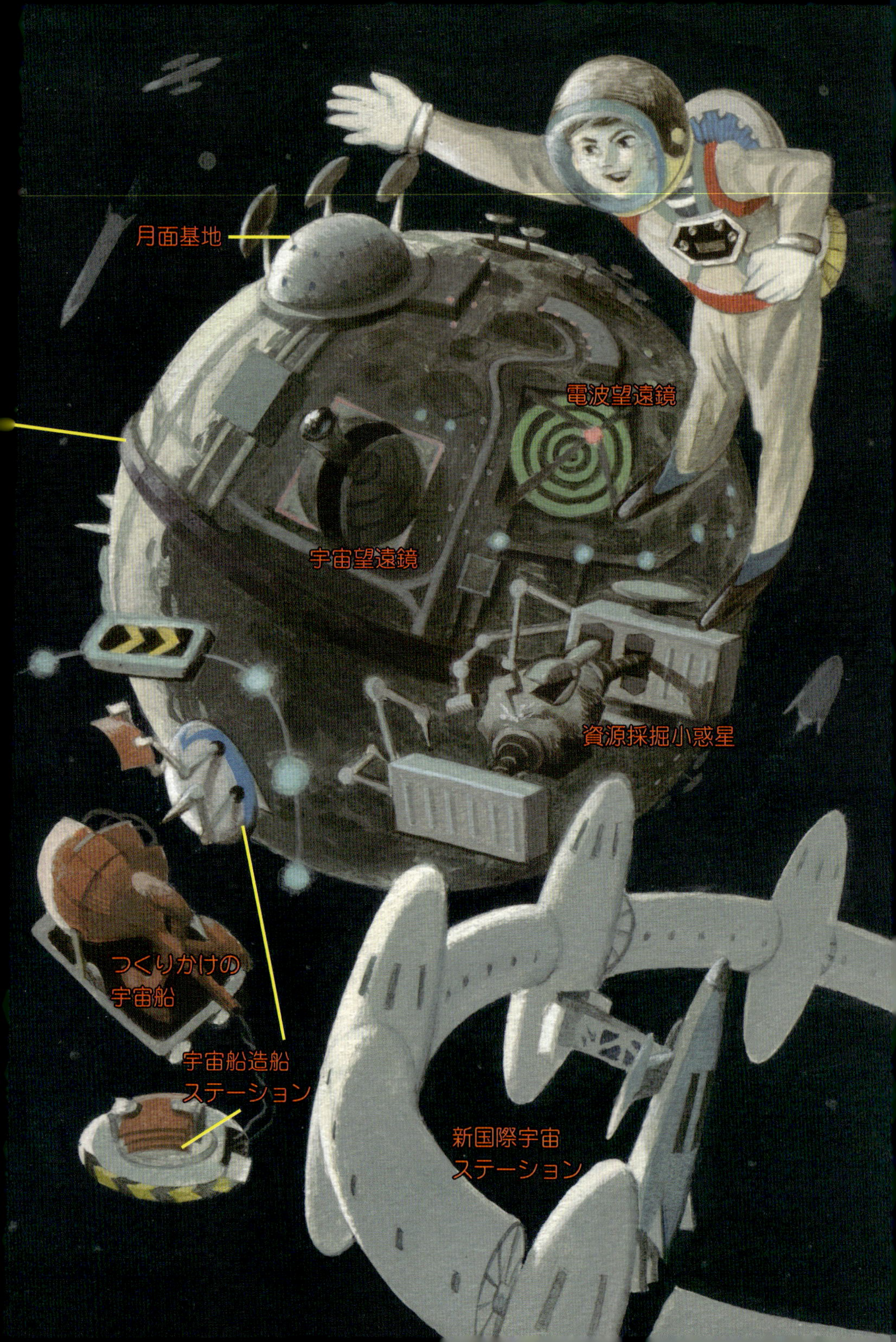
月面基地
電波望遠鏡
宇宙望遠鏡
資源採掘小惑星
つくりかけの
宇宙船
宇宙船造船
ステーション
新国際宇宙
ステーション

ブロック工場
原子力電池工場
宇宙ホテル
金属工場
月一周太陽光発電パネル
宇宙港
SPACE
PORT
酸素工場
宇宙農場ドーム
地球観測望遠鏡
ヘリウム
工場
氷採掘基地

図4－1

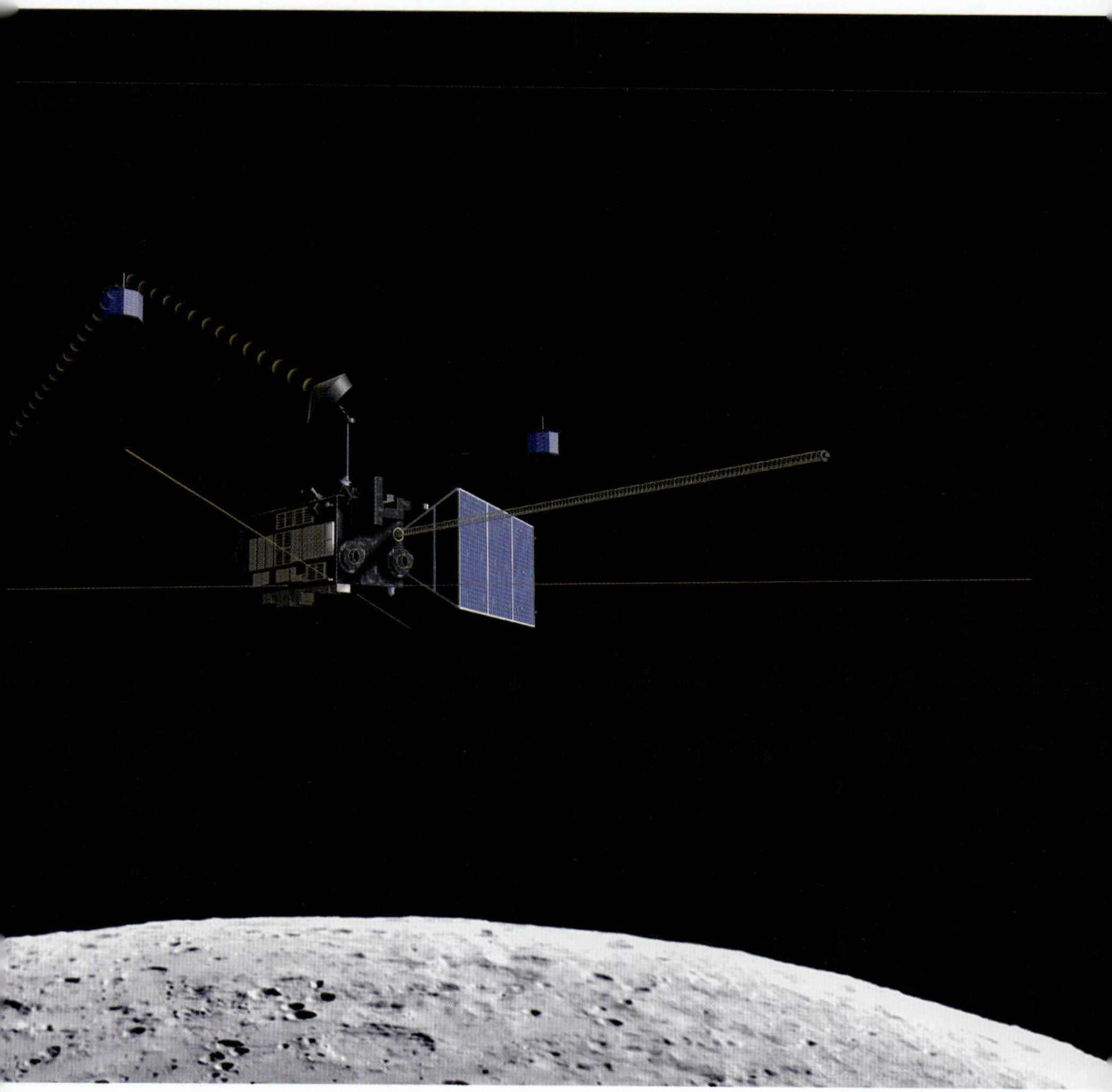

月上空を飛行する「かぐや」の想像図（JAXA）。「かぐや」の手助けをする二つの人工衛星「おうな」と「おきな」は、実際は「かぐや」からもっと離れたところを飛んでいます。

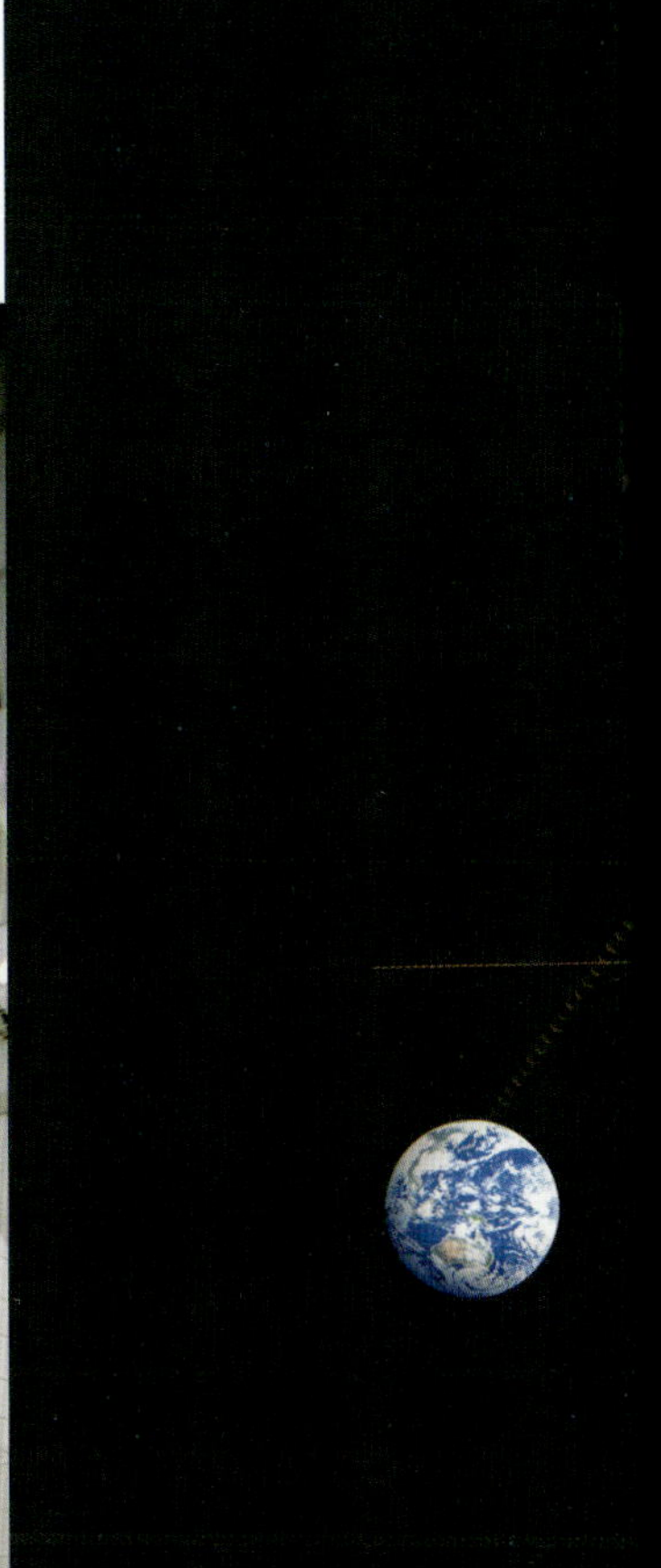

2007年に打ち上げられた日本の月周回探査衛星「かぐや」（JAXA）。ロケットに取り付ける直前の姿。人とくらべると、その大きさがわかります。

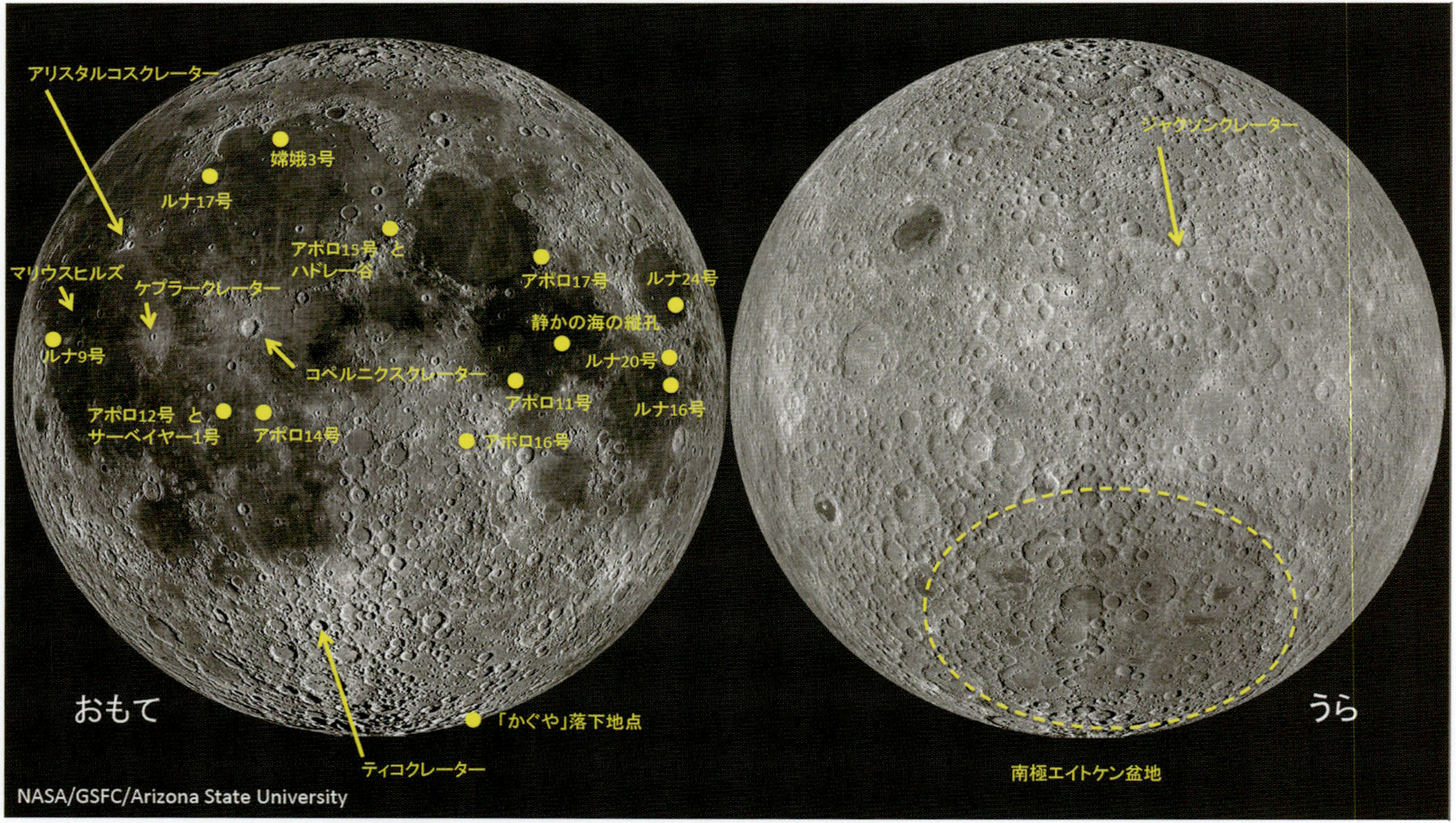

本書に出てくる場所の地図。アポロ 11 号〜 17 号はアメリカの有人探査の着陸地点。ルナ 16 号、20 号、24 号はソ連が無人サンプルリターンに成功した着陸地点。サーベイヤー 1 号はアメリカ初の軟着陸成功地点。ルナ 9 号はソ連初の軟着陸成功地点。嫦娥 3 号は中国初の軟着陸成功とローバー探査成功地点。ルナ 17 号はソ連初のローバー探査成功地点。

はじめに

この本の表紙のイラスト「未来の月世界」が気になって本を手にとってくれたあなた。どうもありがとう。このイラストのような世界は、いったい何年後に本当になると思いますか？　私《わたし》は早ければ20年後、遅《おそ》くても50年後にはこのような世界になると思っています。いや、思っているだけでなく、そうなることを目標にして、宇宙《うちゅう》探査《たんさ》や宇宙開発の仕事をしています。

このイラストの月世界で働いている宇宙飛行士は、あなたかもしれないし、あなたの子どもかもしれません。このイラストが20年後だとすると、それは、あなたが活躍《かつやく》する時代です。あなたは、この絵の月基地《きち》で働いているかもしれませんね。このイラストが50年後だとすると、それは、あなたの子どもが活躍する時代です。その場合は、この月面のたくさんの基地や工場をつくったのは、あなたかもしれませんね。

この本を読むと、このイラストに描《えが》いてある基地や工場が、なんのためにあるのかがわかります。また、月がこのようになった後、火星やもっと遠い惑星《わくせい》に、人間が旅をしていって、何をするのかもわかります。その時に、地球がどうなっているかの、ヒントもあります。

また、みなさんの中には、宇宙探査をする科学者や、宇宙開発をする技術者《ぎじゅつしゃ》になりたいと考えている人もいるでしょう。私も、小学生のころから科学者になりたいと思っていました。しかし、科学者が何をしているのかよくわかっていなかったので、やたらと近所の石をあつめて冷蔵庫《れいぞうこ》に入れてみたり、新しい生物をつくりだそうとして、空きビンに草やらマヨネーズやらさとうやらを入れて混《ま》ぜてみたり、など、なにやら空回りをしていました。

この本には、科学者や技術者になりたい人のために、ミニ実験コーナーも用意してあります。自分の家にあるもので簡単《かんたん》にできる、それでいて、科学者や技術者になるためのよい練習になる実験を考えてみました。おもしろそうだと思うものがあったら、ぜひやってみてください。

この本は、どの章から読んでもかまいませんし、ミニ実験コーナーからはじめてもいいでしょう。でも、もし、よくわからない言葉が出てきたら、ちょっと前の部分を読んでみてください。

科学や技術の世界の未来は、人間が想像《そうぞう》した方向に進みます。この本で、みなさんの未来の設計図《せっけいず》がより楽しいものになったらうれしいです。

もくじ／月はぼくらの宇宙港

序章《じょしょう》　月や惑星《わくせい》を探査《たんさ》する意味

わざわざ地球から飛び出して、月や惑星を探査する意味はなんでしょう？　地球には、戦争や環境《かんきょう》破壊《はかい》などたくさんの問題があるのに、宇宙《うちゅう》にお金をかけている場合ではないのではないでしょうか？　いえいえ、地球に問題があるからこそ、宇宙探査が大切なのです。この章では、宇宙探査が地球の平和や環境を守ることに役にたっている例をいくつか紹介《しょうかい》しましょう。

宇宙船《うちゅうせん》地球号

みなさんは地球が宇宙から見たらどのように見えるか知っていますね。**図0－1**（口絵参照）を見てください。これは、世界でもっとも有名な地球の画像《がぞう》で、「ザ・ブルーマーブル（青いガラス玉）」と呼《よ》ばれています。この写真はどこから撮影《さつえい》したと思いますか？

国際《こくさい》宇宙ステーション？　いえいえ、国際宇宙ステーションが飛んでいるのは、高度４００㎞なので、そこからでは地球のほんの一部しか見えません。

この写真は、人類が月に行った時の宇宙船、アポロ17号から撮影したものです。人類は、月に行くために地球を遠くはなれて、行く途中《とちゅう》でふりかえってみて、はじめて地球の全体を一度に見ることができました。

アポロ計画で人類が月に行ったのは、１９６９年から１９７２年までの間です。ということは、１９７３年から今まで、もう40年以上も、こういう地球を見た宇宙飛行士はいないのです。なんと残念なことでしょう。でも、安心してください。今、宇宙開発は、アポロの時代と同じような、いえ、それ以上のブームとなってきているのです。

さて、この写真をはじめて見た人類はどう思ったでしょうか。「青い」「海が多い」「国《こっ》境《きょう》なんて見えない」などなど、発見がいくつもありました。その中で、当時の人びとがびっくりしたのは、「地球はひとりぼっちだ」ということと、「人間の住んでいるところは地球の中でもほんとうにせまいところだけだ」ということです。

まるで地球は、広い広い宇宙にポツンと浮《う》かんだ宇宙船のようなものでした。このころ、地球のことを、「宇宙船地球号」と呼ぶのがはやりました。

広い宇宙の中で、見渡《みわた》す限《かぎ》り人間の住めそうなところは見当たりません。そして、太陽《たいよう》系《けい》で人間が住めるただひとつの惑星である地球の中でも、人間の生きていける空間は、大気があって呼吸《こきゅう》ができる、表面のほんのわずかな部分しかありません。

このように、「人間が住むことができる、小さな小さな空間を大切にしなくてはいけない」という考え方が、アポロ宇宙船の一枚《いちまい》の写真から生まれました。「地球にやさしい」といったキャッチフレーズの根っこには、「宇宙船地球号」の考え方があったのです。

ミニ実験コーナー（その1）「リンゴをむいて人間のちっぽけさを感じよう」

準備するもの
リンゴ　1個
包丁か果物《くだもの》ナイフ　1本
定規　1本

これは、リンゴをむいて観察するだけの実験です。
はじめてリンゴをむく人は、大人《おとな》の人と一緒《いっしょ》にやってください。包丁やナイフをはじめ

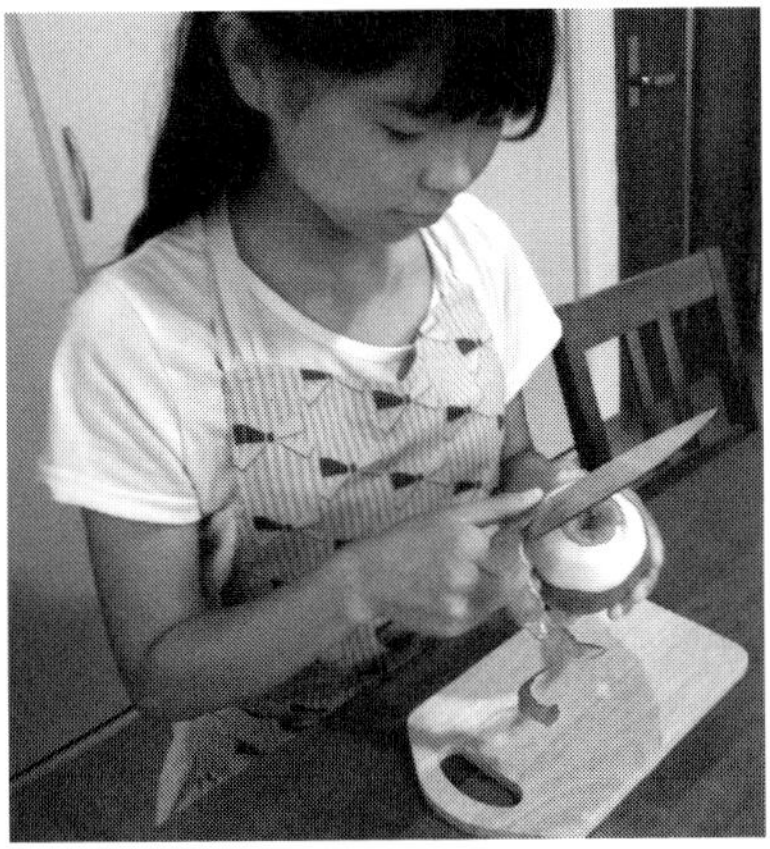

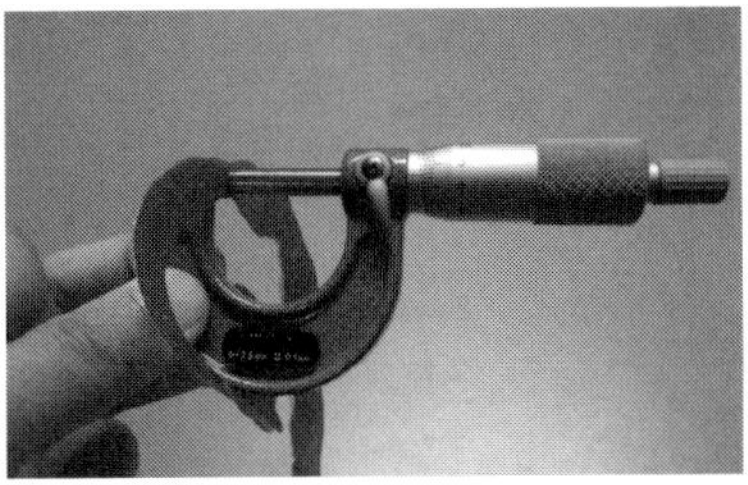

図M－1　マイクロメーターという道具ではかると、皮の厚さは0.5mmから1.7mmまでいろいろでした。

て使う時は、手を切ってしまうかもしれません。ちょっとくらい手を切るのも、いい経験だと思いますが、思わぬ大きなケガになることもあるので、手当てをしてくれる大人が近くにいる時にやりましょう。

まず、リンゴをむく前にリンゴの直径をはかってメモしておきましょう。

リンゴのむき方は、大人の人に教えてもらってください。写真のように、くるくるとむきます。

むき終わったら、皮の切れ目を見て、皮の厚《あつ》さがどのくらいあるかを定規ではかってみましょう。

次に、地球の人間や動物が住んでいる場所のことを考えてみます。地球の直径は、約１２８００㎞です。海の高さを０ｍとすると、人間や動物が住んでいる場所は、どのくらいの高さでしょうか。調べてみると５０００ｍを超《こ》えた高さにある街もあるようです。案外と高いところで生活している人や動物もいるようですので、ここは、それより高いところに地面はないというエベレストの頂上あたりまでと考えましょう。

エベレストの頂上は、8848mなので、計算を簡単《かんたん》にするために、人や動物のいる範《はん》囲《い》は、0から9000mだとします。では、この9000mすなわち9㎞はリンゴでいったらどのくらいの厚さになるでしょうか。

こんな計算をしてみましょう。

（リンゴが地球だった時の人や動物のいる厚さ〈㎜〉）

＝（リンゴの直径〈㎜〉）×9㎞÷12800㎞

さて、どのくらいになったでしょうか。

私《わたし》が買ってきたリンゴの直径はだいたい100㎜だったので、求める厚さは、0・07㎜になりました。みなさんのむいたリンゴの皮の厚さと比べてどうだったですか？　リンゴが地球だとしたら、定規の1㎜のめもりのさらに10分の1くらいの厚さ分の空間にしか、人間は住んでいないということなのです。

マイクロメーターという道具を使ってはかると、写真の人（私の娘《むすめ》）がむいたリンゴの皮の厚さは0・5㎜〜1・7㎜くらいでした。みなさんの皮の厚さは定規での1㎜のめもりとくらべてどれくらいでしたか。

冷戦と核《かく》の冬

私《わたし》が小学生だった1970年代に、人類は滅《ほろ》びそうになっていました。人類がはじめて月に行ったアポロ計画が実行されたのも、人類が滅びそうになっていたことと、かなり関係があります。少しくわしく説明しましょう。

この時代は、第二次世界大戦という大きな戦争が終わったすぐあとの時代です。第二次世界大戦では、日本・ドイツ・イタリアのグループと、イギリス・アメリカ・フランス・ソ連（いまのロシア）・中国などのグループとの二つの勢力《せいりょく》にわかれて戦争をしていました。そして、この戦争は世界中で5000万人から8000万人、日本でもおおよそ300万人という死者を出して、日本・ドイツ・イタリアが負けて終わりました。

その後、戦争に勝った国を中心に、新しい世界のしくみをつくっていくことになりました。そして、大きくわけて二つのグループにわかれました。一つは、アメリカを中心としたグループ、もう一つは、ソ連（いまのロシア）を中心としたグループです。

どちらのグループも、仲間の国を増《ふ》やすことに必死になりました。そして、同時に、相手のグループと、また大きな戦争がはじまるのではないかとお互《たが》いをこわがりました。

そのうちに、おもにアメリカとソ連を中心にした核爆弾《かくばくだん》の開発競争がはじまりました。

さらに核爆弾をはこぶロケットである、核ミサイルの開発競争もはじまりました。

もともとロケットはミサイルとしてつくられたのです。飛行機に爆弾をつんで相手の国に飛んでいこうとすると、途中《とちゅう》で相手の国の戦闘機《せんとうき》に撃《う》ち落《お》とされてしまいます。しかし、宇宙を飛べるロケットであれば、途中で撃ち落とされる心配がなく、相手の国に簡単《かんたん》に核爆弾を落とすことができます。

相手のミサイルを防《ふせ》ぐためには、相手が打ち上げる前にミサイル基地《きち》を攻撃《こうげき》するしかありません。そこで、お互い一つのミサイル基地が攻撃されても、他《ほか》のミサイルを撃てるように、たくさんのミサイル基地ができました。相手の国のミサイル基地が増えると、こちらもミサイル基地を増やさなくてはいけません。そのうち、核爆弾を小さくつくる技術《ぎじゅつ》が発達して、移動《いどう》できる基地や、核ミサイルを発射《はっしゃ》できる潜水艦《せんすいかん》もあらわれました。

私が子どものころの時代は、「どちらかが相手の国に核ミサイルを撃ちこめば、しかえしをするための核ミサイルが発射される。しかも、しかえしがこわいので、核ミサイルを発射する時には、相手側のしかえしの力を減《へ》らすために、一度にたくさんのミサイルを撃ちこまなければならない」という恐《おそ》ろしい考えにとりつかれた時代でした。そして、人類を何十回も滅ぼせるほどの核ミサイルが存在《そんざい》すると言われていました。

現在《げんざい》は核ミサイルを減らす努力が続けられています。アメリカのオバマ大統領《だいとうりょう》が核ミサイルを減らす努力をしたということで２００９年にノーベル平和賞を受賞したことを知っている人も多いかと思います。

しかし、インドやパキスタン、北朝鮮《きたちょうせん》、イスラエルなど、あらたに核爆弾や核ミサイルを保有《ほゆう》する国もでてきました。また、イランなど核爆弾の開発をはじめようとする国も後をたたないことから、安心はできません。

２０１６年、オバマ大統領が被爆地《ひばくち》広島を訪《おとず》れて、平和への大きな一歩であると話題になりました。そのオバマ大統領も、核ミサイル発射の命令を出すためのカバンを広島に持ってきていたそうです。核爆弾を減らすむずかしさを感じます。

希望はあります。それは、科学者がとなえた「核の冬」という考え方です。これは、「核戦争がおこると、核爆発《かくばくはつ》で空にのぼったチリが太陽の光をさえぎって、地球の気温を下げて農業ができなくなってしまう。そして、食糧《しょくりょう》不足でたくさんの人が死んでしまう」という考え方です。

このことをアメリカの惑星科学者であるカール・セーガン博士が中心となって世の中に

広めました。世界中の人が、「核戦争に勝者はいない。核ミサイルを撃った国も、撃たれた国も、関係ない国も、たいへんなことになる」ということを知りました。アメリカやソ連の政治家《せいじか》も、もちろんそのことを知ったはずです。このため、核戦争がおこりそうになった時も、核ミサイルのボタンを押すことをためらわせたのではないか、と言われています。

この「核の冬」のアイデアは火星探査でうまれました。1971年にアメリカのマリナー9号宇宙船が、火星を探査した時に、火星全体をおおう大きな砂嵐《すなあらし》が、火星の表面の温度を下げているという発見をしました（図0－2）。このことから、地球の場合も、火山爆発や核爆発などで、大気中に細かなチリがまうと、気温が下がってしまうことがわかったのです。現在も、大気中のチリと惑星の温度との関係を調べるために、火星の砂嵐の観察がおこなわれています。

地球温暖化《おんだんか》

今のみなさんにとって、環境問題といった時に一番に思い浮かぶのは、「地球温暖化」かもしれませんね。地球温暖化についても、宇宙探査がとても役に立っています。

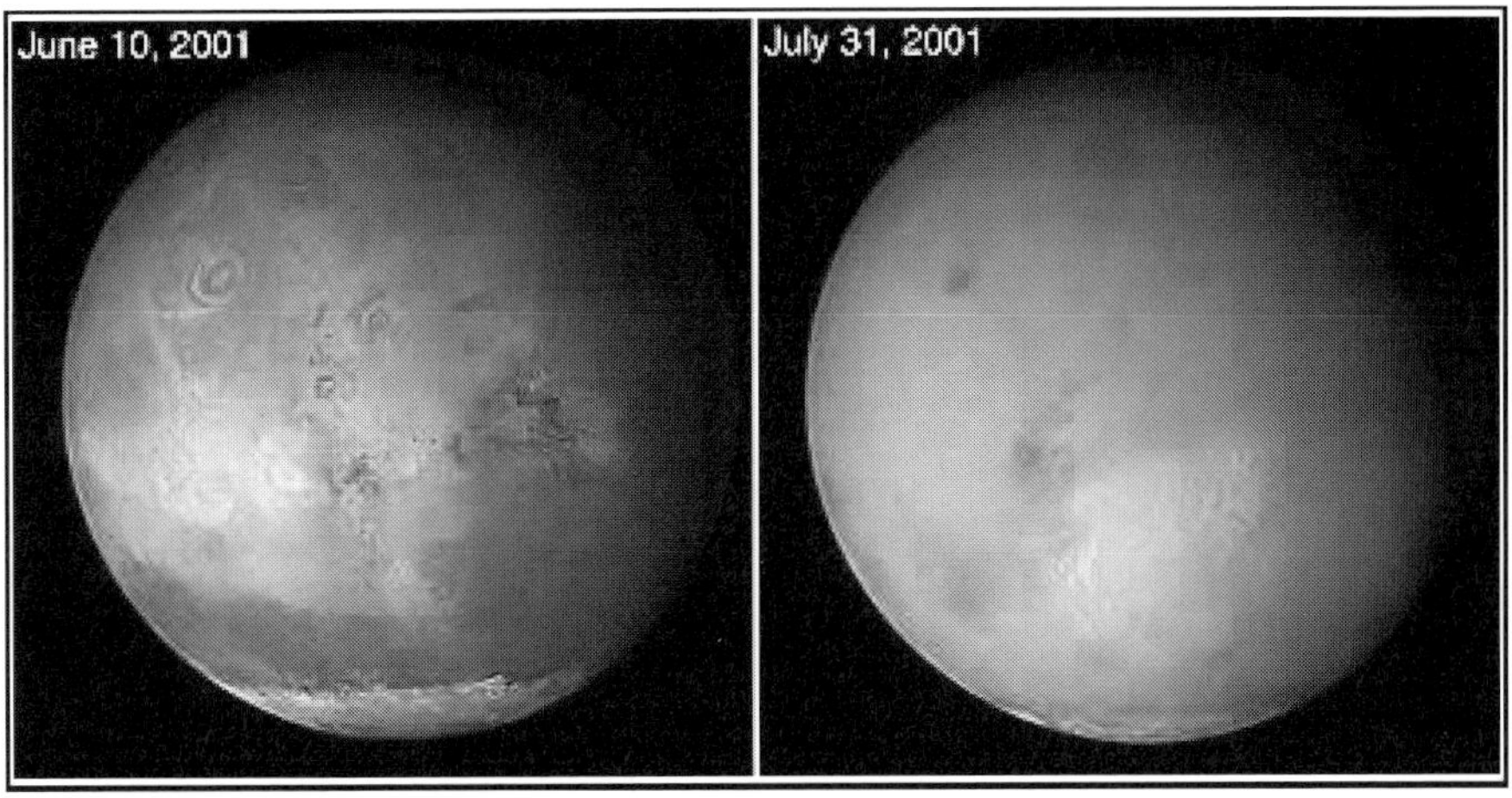

図0－2　2001年7月（右）に火星全体をおおった砂嵐。
左は砂嵐がおこるまえの6月の画像（NASA）。
ハッブル宇宙望遠鏡より撮影。

地球温暖化の考え方は金星の研究からうまれたものなのです。金星は地球とほとんど同じ大きさの惑星です。ただ、ほんの少しだけ太陽の近くにあります。ところが、金星の気温は地球よりほんの少し暖《あたた》かいどころではありません。なんと、金星の地表の温度は５００℃もあるのです。水は１００℃で沸《ふっ》とうしてしまうので、５００℃というと、たいへんな高温です。

では、金星はどうしてそんなに熱い惑星になったのでしょうか。そのことを科学者が考えた結果、大気による温暖化というアイデアが浮かんだのでした。金星の大気は、二酸化炭素《にさんかたんそ》96％、窒素《ちっそ》４％という成分です。この二酸化炭素というガスが金星を温めていると考えたのです。

二酸化炭素というガスを知っていますか？　炭酸《たんさん》飲料の泡《あわ》は、二酸化炭素です。私たちの体の中でもつくられているので、吐《は》く息にふくまれています。物を燃《も》やした時にもでてきます。二酸化炭素がたくさんあるとどういうことになるのでしょうか。

惑星の大気を温めているのは、太陽の光です。そして、惑星の大気の熱は、赤外線という人間の目では見えない光の仲間となって宇宙に逃《に》げていきます。ところが、二酸化炭素があると、宇宙に逃げようとする赤外線をつかまえて、また熱にもどしてしまうのです。

赤外線をつかまえる力の強いガスを温室効果《こうか》ガスといいます。温室効果ガスには、二酸化炭素の他に、みなさんのおならや、牛のげっぷにふくまれるメタンガスや、昔のエアコンに使われていたフロンガスなどがあります。

地球は二酸化炭素が０・０４％くらいしかないのに、なぜ金星には96％もあるのでしょうか。実は火星の大気もほとんど二酸化炭素です。なぜか地球だけ二酸化炭素がなくなってしまいました。なぜでしょう。それは、海のせいだと考えられています。地球は金星よりも少し太陽からはなれていたので、水が蒸発《じょうはつ》してしまうことがなく、海ができました。そして、海の水に二酸化炭素がたくさん溶《と》けこみました。炭酸飲料のアワに二酸化炭素が使われているのも、水に溶けやすいガスだからです。

また、海の水に溶けこんだ二酸化炭素から、石灰岩《せっかいがん》という二酸化炭素をたくさんふくんだ岩石ができました。こうして、大気中の二酸化炭素はほとんどなくなってしまいました。温室効果がほとんどなくなったので、現在のような暑すぎない気温になったのでした。

科学者は実験室でいろいろな実験をして自然の謎《なぞ》を解《と》き明《あ》かします。しかし、惑星の大気の成分が変わるとどうなるか？　といった実験は、実験室ではできません。あまりにもきぼが大きく、時間も何百年も何千年もかからないとわからないようなことだからです。しかし、地球とよく似《に》た大きさの他の惑星が、地球とちがっているのはなぜかを考えることで、地球の未来を想像《そうぞう》することができます。宇宙探査は、人類が地球に長く住み続けるために必要な大切な知識《ちしき》をあたえてくれるのです。

生物を何度も滅ぼそうとした地球

人間は、少しかしこくなって、核戦争がおきないように気をつけるようになりました。また、温室効果のこわさにも気づいて、人間の活動で増える温室効果ガスを減らす努力もはじめています。では、人間さえ気をつけていれば、このまま人間はずっと地球に住んでいられるのでしょうか。答えは、たぶん「ノー」です。

地面を掘《ほ》って、化石を調べることで、大昔に、地球上の生物のほとんどが死んでしまう

図0－3　アンモナイトの化石。

ような、何かたいへんな出来事があったことがわかってきました。それも、一度だけでなく、5回もです。最近のものから、ひとつずつ見ていきましょう。

約6600万年前の白亜紀《はくあき》の終わりには76％ほどの種が絶滅《ぜつめつ》しました。恐竜《きょうりゅう》やアンモナイトが絶滅したということで有名です。みなさんがよく聞く絶滅事件《じけん》は、これではないでしょうか（**図0－3**）。

2億年前の三畳紀《さんじょうき》の終わりでもやはり76％ほどの種が絶滅しました。大型の動物を中心にたくさんの生物が絶滅したようです。たくさんあったアンモナイトの種の多くも絶滅して種類を減らしてしまったということです。

それらよりもっとすさまじいのは、2億5000万年ほど前のペルム紀の終わりに起きた絶滅です。この時は、なんと生物種の96％ほどが絶滅したといわれています。よく生命が全滅《ぜんめつ》しなかったものです。有名な古代生物と

図0－4　三葉虫の化石。

しては、三葉虫《さんようちゅう》が絶滅しています（**図0－4**）。

　さらに古い時代では、3億6000万年ほど前のデボン紀の終わりでは生物種の82％ほどが絶滅しました。

　そして4億4000万年ほど前のオルドビス紀のおわりでは85％が絶滅しました。

　それぞれの絶滅の時代に何が起こったのかは、よくわかっていません。恐竜が絶滅したのは隕石《いんせき》の衝突《しょうとつ》で巻《ま》き上《あ》げられたチリによって、地球の気温が下がったためといわれています。しかし、どうもそれだけが原因《げんいん》というわけでもなさそうです。隕石の衝突よりも前から何百万年もかけて少しずつ生物の種類が減ってきているようなのです。どうやら、インドのデカン高原をつくった、人類が経験《けいけん》したこともない大きな火山活動によって、気温が下がったことも原因ではないかともいわれています。

　実は、今も、大量絶滅の時代にいるのではないかと考える科学者もいます。人間が自然を破壊していることで、毎年数千から数万種類もの生物が絶滅しているのではないかというのです。絶滅のスピードは、これまでの大量絶滅のような何百万年もかけたゆっくりした絶滅よりも、もっと速いペースではないかということです。本当にそうだとしたらたいへんなことです。人類は気をつけなければなりませんね。

人類はどうやら大量絶滅を引き起こすことができるほど、自然を変化させる力があるようです。しかし、それは自然を思いのままにあやつることができるということではありません。たとえば、人間国宝《こくほう》の陶芸家《とうげいか》が作ったツボがあるとします。それを割《わ》ってこわすことは、子どもでもできます。しかし、そのツボをつくることは、誰《だれ》にでもできることではありません。

それと同じで、人間が自然をこわせるからといって、自然をよくする力があるわけではありません。昔の大量絶滅の原因となったような巨大《きょだい》な火山噴火《ふんか》が起きたとすると、人間にはその噴火を弱める力も、噴火によって起きる気温の変化を止める力も、今はありません。巨大な隕石が地球に落ちてくることがわかったとしても、その隕石の進む方向を変える技術も今はありません。

人間が自然をこわさないようにがんばったとしても、自然のきまぐれによって、人類は絶滅してしまうかもしれないのです。ですから、自然のしくみを知ることが大切ですし、地球以外の天体にも住む場所を広げておく必要があるのです。宇宙探査や宇宙開発は、そのどちらにも役に立ちます。

科学者の考えるすばらしい未来

みなさんは宇宙人《うちゅうじん》はいると思いますか？　多くの科学者が宇宙人はいると思っています。そして、宇宙人を探《さが》したり、私たちがいることを宇宙人に知らせようという活動が、まじめにおこなわれています。

「悪い考えを持った宇宙人に見つかったら、人類は征服《せいふく》されてしまうのではないか？」と心配する人もいます。しかし、私は、中学生のころに読んだ『コスモス』という本の、カール・セーガン博士（「核の冬」を広めたのと同じ人です）の考え方がすばらしいと思いました。それは、こういう考え方です。別の太陽系から我々《われわれ》の太陽系にまで旅行できるほどの科学技術を持つ宇宙人がいたとしたら、当然、現在の人類のように、自分たちを滅ぼすほどの力をとっくの昔に持つようになったはずです。それでも、長いこと滅びずに科学技術を発達させ続けることができたということは、その宇宙人は戦争をしないで問題を解《かい》

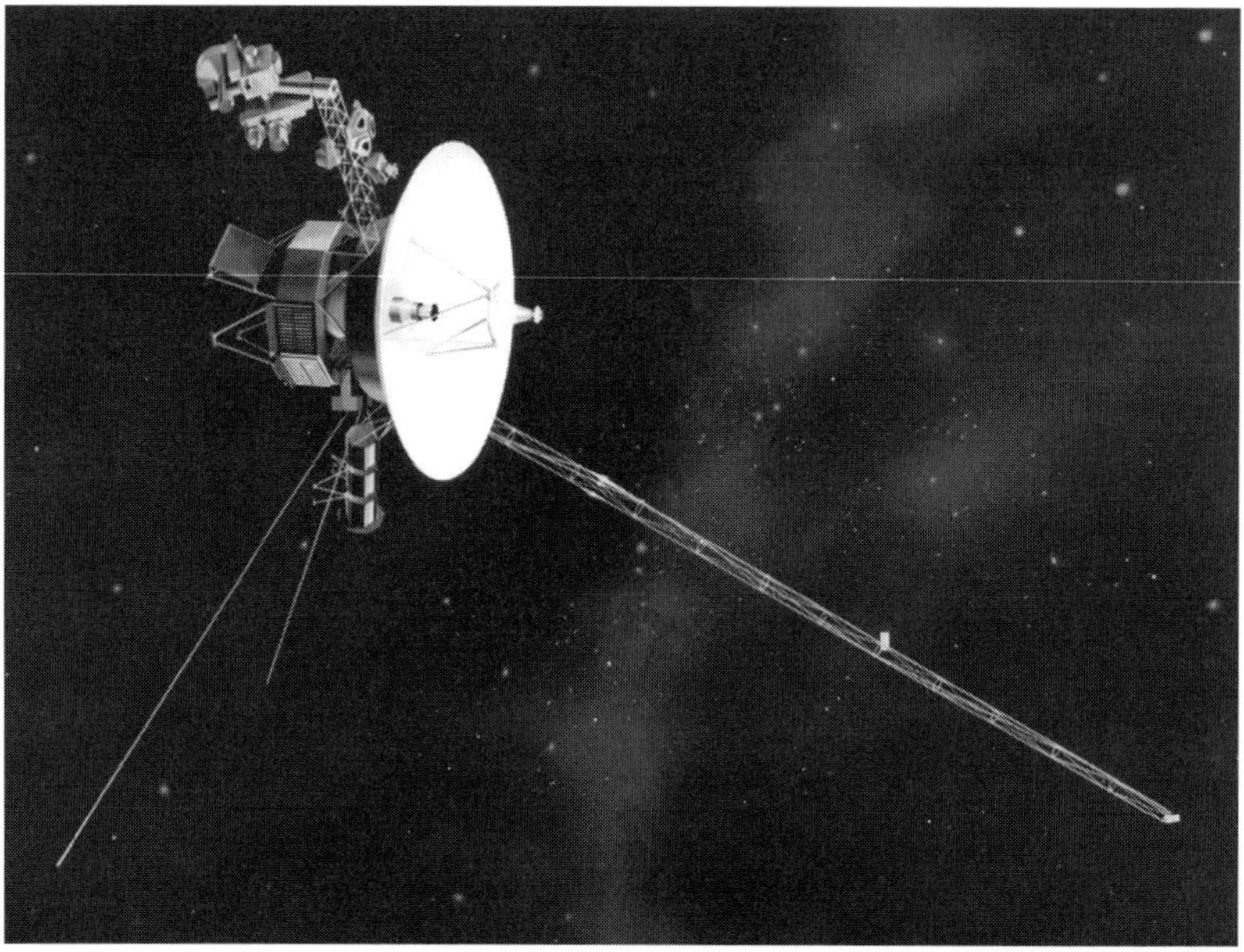

図0-5　探査機ボイジャー（NASA／JPL）。

決《けっ》できる、今の人類よりも平和な社会をつくることができたにちがいないという考え方です。

私が小学三年生のころ（1977年）に惑星探査機《たんさき》ボイジャーが打ち上げられました（**図0-5**）。ボイジャー1号は、木星や土星を、ボイジャー2号は、木星、土星、海王星、天王星と旅をして、今も太陽系を飛び出してさらに遠くへと旅をしています。ボイジャーから送られてくる、はじめて見る遠くの惑星の画像には本当に驚《おどろ》きました。しかし、小学生だった私がもっともワクワクしたのは、ボイジャーに宇宙人へのメッセージがのせられていることでした。

このメッセージは丸い金属《きんぞく》の板の表面の細かなみぞに、絵や音の情報《じょうほう》として記録されています。金ピカに光っているので、ゴールデンレコードと呼ばれました（**図0-6**）。レコードの表面には、このレコード

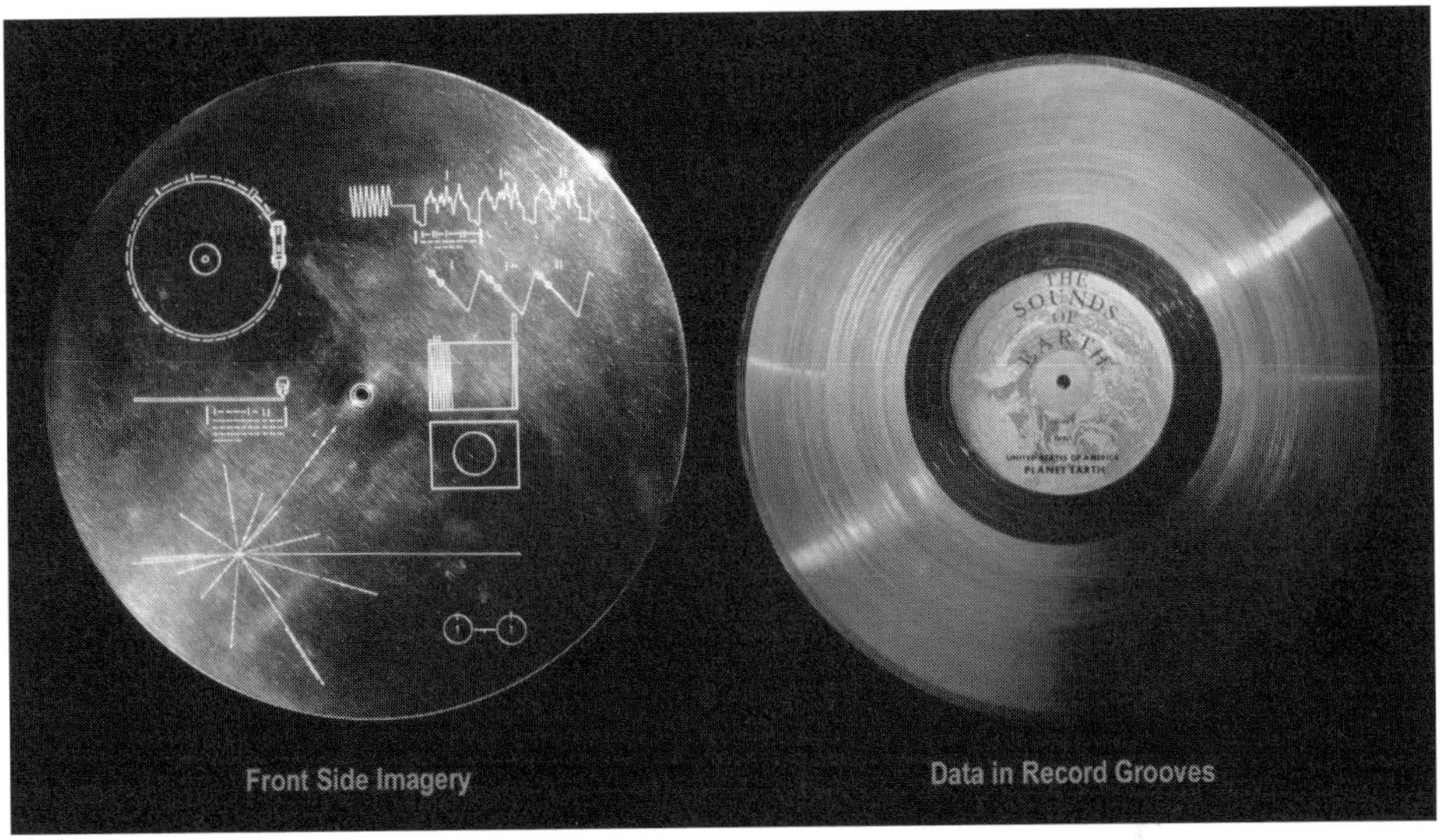

図0－6　ボイジャーに搭載されたゴールデンレコード（左）カバー（右）レコード記録面（NASA/JPL）。

から絵や音を読み出すヒントが描《えが》かれています。科学の発達した宇宙人がみれば、すぐに絵や音を読み出すことができるでしょう。

さらに、そのレコードの中には、地球がどこにあるかをしめす地図や、人間の説明、世界中から集められた美しい写真や、さまざまな国の音楽、そして、さまざまな国の言葉でのあいさつが入っています。この絵や音はインターネットに公開されているので、興味《きょうみ》のある人は「ボイジャー　ゴールデンレコード」で検《けん》索《さく》してみてください。

言葉も文化もちがう宇宙人に、どうやって地球のことを伝えるか、科学者のした工夫《くふう》がとてもおもしろいです。例えば、**図0－7**は宇宙人に数字や算数の記号の意味を伝えるための絵です。どういう意味なのか、宇宙人になったつもりで、考えてみてください。

時間や大きさの説明はさらにたいへんです。1日や1時間という時間の長さは人間が勝手に決めたものです。地球が1回転する時間を1日としていますが、他の星の1日の長さは、きっと24時間ではないでしょう。長さの単位1mも、地球ではぐるっと地球一周して4万㎞にしようということで決めています。他の星では当然星の大きさもちがいますし、何を長さの基準《きじゅん》にするかも、宇宙人の持つ歴史によって、かなりちがっているはずです。

長さや時間の単位をどうやって伝えるか、というアイデアの説明は、みなさんが高校生くらいになってならう理科の知識がないとわからないと思いますので、ここでは書きません。みなさんが大きくなった時に、ぜひもう一度ゴールデンレコードのことを調べて、そのすばらしいアイデアに感動していただければと思います。

ところで、私が子どもの時にわからなかったことがあります。それは、なぜ世界中のあいさつの声をたくさん入れたのかということです。英語、中国語、ロシア語、など有名な言語から、名前すら聞いたこともない言語まで、世界中の55種類もの言語で、あいさつの言葉が入っています。日本語もあるのですよ。あいさつの内容《ないよう》は言語によって少しずつちがうようですが、日本語は「こんにちは、お元気ですか」という言葉でした。

子どものころはこう思いました。「こんなにたくさんの言葉で入れたら、宇宙人は大混《だいこん》

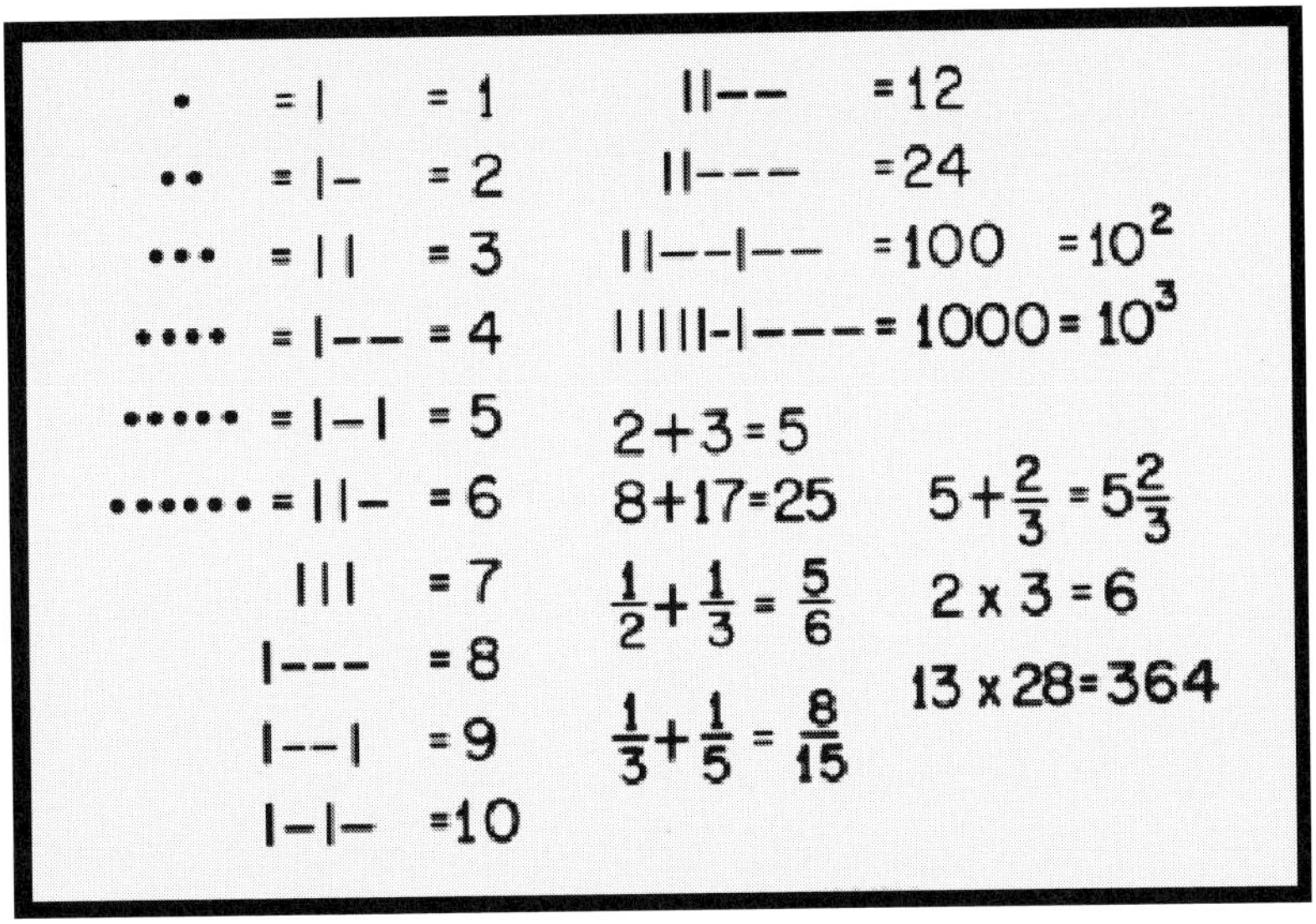

図０－７　ボイジャーに搭載されたゴールデンレコードの画像の１枚。数字と計算の意味を伝える画像（NASA/JPL）。

乱《らん》するのではないか?」「ただのあいさつがたくさん入っているとは知らずに、意味を解読《かいどく》しようとして、困《こま》るのではないか?」「もっとひとつの言語で、意味のある長い文章を入れたほうが意味を解読しやすくていいのではないか?」などなどです。

しかし、今は科学者の本当に送りたかったメッセージがわかるような気がします。文明や文化が発達した宇宙人であれば、さまざまなちがった言語の音声であることにはすぐに気づくでしょう。きっと科学者は、「地球には、文化も言葉もちがうさまざまな人びとが住んでいる。だけど、みんな、仲良くいっしょに暮《く》らしています」ということを伝えたかったのだと思います。地球人と宇宙人というまったく文化が異《こと》なる生物が出会う時に、いちばん最初に伝えなければいけない、本当に大切なメッセージがこめられていたのだと思います。

科学者の多くは宇宙人がいると思っています。しかも、宇宙の何千何万という星にいると考えている科学者もたくさんいます。しかし、宇宙人が地球にやってきていると考えている科学者はほとんどいません。それは宇宙はあまりにも広く、地球はあまりにも目立たない星だからです。宇宙人と出会うためには、地球から電波を発射するなどして、宇宙人に信号を送って、見つけてもらわなければなりません。

もし宇宙人に見つけてもらえたとしても、地球に住む人類が戦争をやっているようでは、宇宙人は、「地球人と会って話をする価値《かち》なし」と思って、地球人に気づかれないように観察するだけで帰ってしまうかもしれません。地球人が平和に暮らし、そして、宇宙にも飛び出していこうという気持ちを持っている時に、はじめて宇宙人は宇宙の知的生命の仲間として、地球人を迎《むか》えてくれるのではないでしょうか。

将来《しょうらい》、宇宙人と会うために、地球人のすべきことは、平和な社会の実現《じつげん》、そして、月・火星、その先の宇宙へと生活の場をひろげることです。

第1章　月はどんな天体か

月の場所

月は宇宙《うちゅう》にあります。もちろん地球も宇宙にあります。宇宙はどのくらい広くて、その中で月はどのくらい遠くにあるのでしょうか。宇宙にある物を天体と呼《よ》びますが、どのような天体がどのくらいの距離《きょり》にあるのか、地球の近くから見ていきましょう。

地球の一番近くにある天体は月です。約38万㎞はなれたところにあります。時速250㎞の新幹線《しんかんせん》で行ったとすると、63日かかる距離です。

次に近くにあるのは、金星です。ただし、地球も金星も太陽のまわりを回っているので、地球と金星の距離は近づいたりはなれたりしています。もっとも近い時は、約4200万㎞はなれたところにあります。これは月の110倍以上も遠くにあることになります。新幹線だと7000日、約19年もかかってしまいます。

金星の次に近い火星も見てみましょう。火星も地球と同じく太陽のまわりを回っているので、地球と火星の距離は近づいたりはなれたりしています。もっとも近い時は、約5800万㎞の距離です。新幹線だと約26年かかるという計算です。

地球も金星も火星も、太陽のまわりを回っています。太陽のまわりを回る天体を惑星《わくせい》といいます。惑星と惑星の間の距離は、惑星がある場所によって大きく変化するので、ここからは、太陽からの距離で見ていきましょう。

私《わたし》たちの太陽を回る惑星は、八つあります。太陽から近い順に、水星、金星、地球、火星、木星、土星、天王星、海王星という名前がついています。太陽から、それぞれの惑星までの距離を**表1－1**にまとめました。距離に光分という単位がでてきますが、これは、光の速さで移動《いどう》すると何分かかるかということです。光は1秒間に地球を7回半も回れる速さをもっているのですが、その光でさえ、届《とど》くのに時間がかかるほど宇宙は広いのです。

月は惑星ではなく、地球の衛星《えいせい》です。惑星のまわりを回っている天体を衛星と呼びます。たとえば、人工衛星というのは、人がつくった衛星という意味ですね。

夜空に輝《かがや》く星の中には、惑星があることもあります。金星、木星、土星などは、他《ほか》の星

表1－1　太陽から惑星までの距離

	太陽からの距離（km）	光の速さで表した距離
地球	1億5000万	8.3光分
水星	5800万	3.2光分
金星	1億800万	6.0光分
火星	2億2800万	12.6光分
木星	7億7900万	43.3光分
土星	14億3400万	80.7光分
天王星	28億7200万	160光分
海王星	44億9500万	250光分
月と地球の距離	38万	1.3光秒

よりも明るく輝いているので、都会でも見ることができるでしょう。その他のたくさんある星はたいてい恒《こう》星《せい》です。恒星とは、私たちの太陽のように自分の力で光っている星のことです。恒星の多くは、私たちの太陽のように惑星を持っていると考えられています。

恒星はいったいいくつあるのでしょうか？　私たちは銀《ぎん》河《が》という恒星の集団《しゅうだん》の中にいます。銀河というのは、恒星が数百万個《こ》～数千億個も集まったものです。私たちの太陽系《たいようけい》は、**図1－1**のような形の「天の川銀河」という銀河の中にあります。天の川銀河の直径は10万光年、中心部の厚《あつ》みは1万5０００光年もあります。１光年というのは、光の速さで移動して1年間もかかる距離のことです。その光が10万年もかかるというのですから、そんなたいへんな距離をどうイメージしたらよいものか途方《とほう》にくれてしまいます。

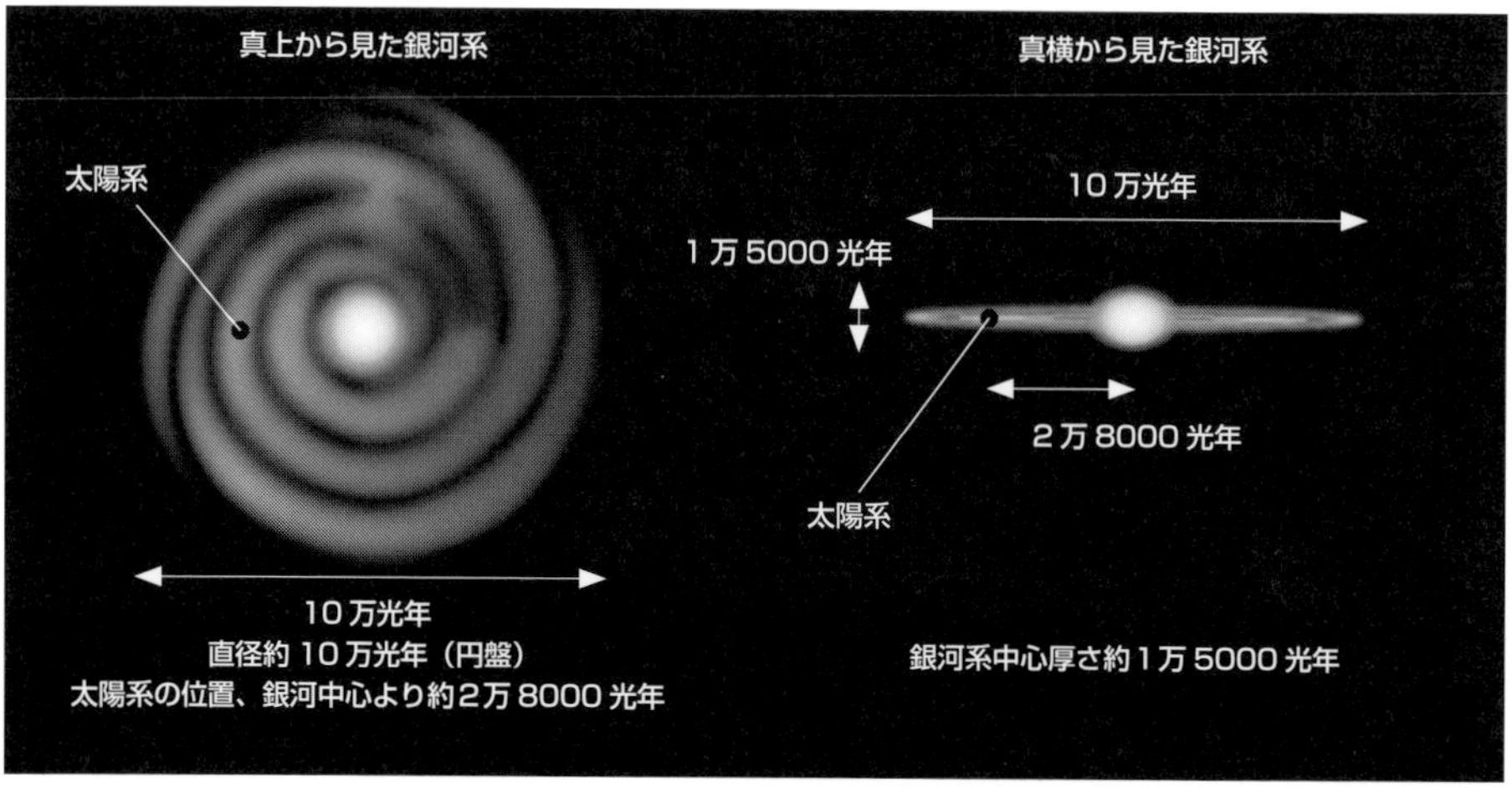

図1－1　我々の住む天の川銀河と太陽系の位置。

地球からもっとも近い恒星は、どのくらいはなれているのでしょうか？　もっとも近い恒星はケンタウルス座《ざ》のプロキシマ星で、そこまでの距離は4・2光年です。天の川銀河には恒星がたくさんありますが、銀河があまりにも大きいので、すぐ近くの恒星ですら、そんなにはなれているのです。

宇宙全体には、この銀河がなんと1000億個以上もあると考えられています。宇宙にある星の数は、本当に数え切れないほどですね。これだけたくさんの恒星があり、その恒星の多くが惑星を持っているとしたら、宇宙のあちこちに宇宙人《うちゅうじん》がいても、全然おかしくありません。

月の大きさ

次に月の大きさを見てみましょう。表1－2に太陽

表1－2　太陽と月・惑星の大きさ（赤道の半径）

	半径（km）	太陽の半径が 1m だったら（cm）
太陽	695700	100
地球	6378	0.92
月	1738	0.25
水星	2440	0.35
金星	6052	0.87
火星	3396	0.49
木星	71492	10.3
土星	60268	8.62
天王星	25559	3.67
海王星	24764	3.56

と、太陽系の月や惑星の大きさを並《なら》べてみました。月は地球の4分の1くらいの大きさです。惑星である水星とそんなに変わらないほど大きいのです。火星も地球の2分の1くらいの大きさであることを考えると、月はずいぶん大きな天体であるといえます。

月の表面の広さ（面積）はどのくらいでしょうか。だいたい地球のアフリカ大陸とオーストラリア大陸を足したくらいの大きさになります。これほど大きく、そして、地球からもっとも近くにある天体なのですから、人類はもっと月を活用すべきでしょう。

満ち欠けのしくみ

月は見るたびに形が変わっています。もち

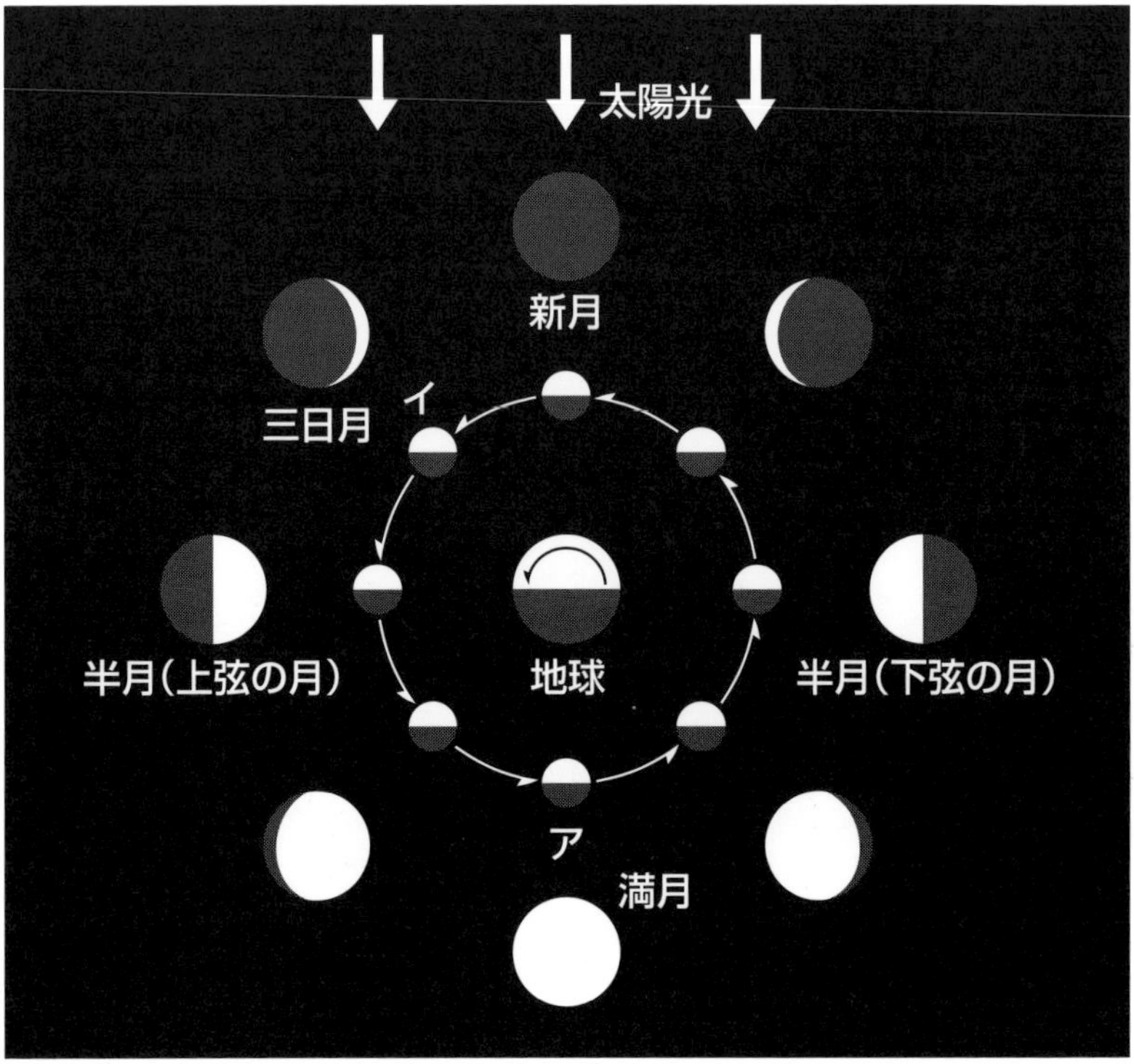

図１－２　地球のまわりを公転する月と月の満ち欠けの図。

ろん月の形そのものが本当に変わっているわけではありません。太陽の光の当たり方によって、地球から見た時の明るい部分の形が変わっているだけです。

図1－2を見てください。地球や月を北の方から見ています。そして、形が見やすいように、月や地球を大きく描《えが》いています。北から見ると、地球は時計と反対回りに1日で1回まわっています。そして、月は地球のまわりを約4週間で一回りするように回っています。月が地球のまわりを回るのも北から見ると時計と反対回りです。

私は、小学校の理科の授業《じゅぎょう》で、「夕方に東の空から上がってくるのが満月」などと、覚えることが苦手でした。というより、まったく覚えられませんでした。しかし、ずいぶん後になって、**図1－2**のような図を見つけて自分で描いてみたところ、ようやく月が見える時間と方角と形との関係がわかりました。覚えないといけないのは、「北から見たら、地球は、時計と反対に回っていて、月も地球のまわりを時計と反対に回っている」ということだけだったのです。みなさんも、いろいろ覚えるのが苦手な人は、**図1－2**の意味をゆっくり考えてみてください。一度わかったら、一生忘《わす》れません。

月はボールの形をしていて、太陽を向いた半分が太陽の光を反射《はんしゃ》して、いつも明るくなっています。月の形が変わって見えるのは、その明るい部分を地球から見る角度が、毎回ちがっているからです。満月は太陽に照らされた面のほとんどすべてが見える角度で地球から見ていることになります。**図1－2**でいうと、アの位置です。三日月が見えるのは、イの位置です。

図1－2がわかったら、ミニ実験コーナー（その2）「明日の月を予想してみよう」をぜひやってみてください。

ミニ実験コーナー（その2）「明日《あした》の月を予想してみよう」

準備するもの

このコーナーの図

みなさんは月がいつ出て、いつ沈《しず》むか知っていますか？　以前は、夜に見たけれども、今日《きょう》は昼に出ている、というふうに、日によってちがいますよね。私も、しばらく見ていなかった月が思わぬところに見えて、ドキッとしたことが何度もあります。

しかし、今日、月が見えたら、明日の月の形とだいたいの場所を予想することは、そんなにむずかしくありません。みなさんもやってみてください。

月は、毎日、東から昇《のぼ》って、南の空を通って、西に沈んでいきます。

その月が出る時刻は、毎日おおよそ50分ずつおそくなっています。計算が面倒《めんどう》なので、ざっと1時間おそいと思ってもよいでしょう。明日同じ場所に月が見えるのは、今日の時刻よりもおおよそ1時間後ということになります。

また、明日同じ時刻に月を見ると、今日の1時間前の月の場所に明日の月はあることになります。今日、東の空の低いところに見えているとしたら、明日は、まだ出てくる前かもしれません。昇ってしばらくたった月を見ているとすると、明日の同じ時刻の月は、それよりも、少し東にずれたところにあることになります。どのくらいずれているかというと、みなさんの腕《うで》をピンと伸《の》ばして空にかざした握《にぎ》りこぶしのだいたい1個と半分くらいのはずです。

月を見る場所をいろいろ変えて、電柱の先などに月がかさなるところを探して観察しておきましょう。そうすれば、翌日の同じ時刻にどのくらい昨日《きのう》の場所からずれているかわかります。

では、形はどうでしょうか？　形は、毎日、**図M－2**のように変わっていきます。満月まではだんだんと太っていき、満月をさかいに、太っていく月からやせていく月になります。見慣れてくると、明日の月は今日より太った月か、やせた月かがわかるようになりますよ。

欠けた月の光っている部分がどちらを向いているかにも気をつけて見てみてください。光っているのは、太陽がある方向です。太陽を追いかけている月なのか、太陽に追いかけられている月なのか、考えながら見ると、おもしろいですよ。

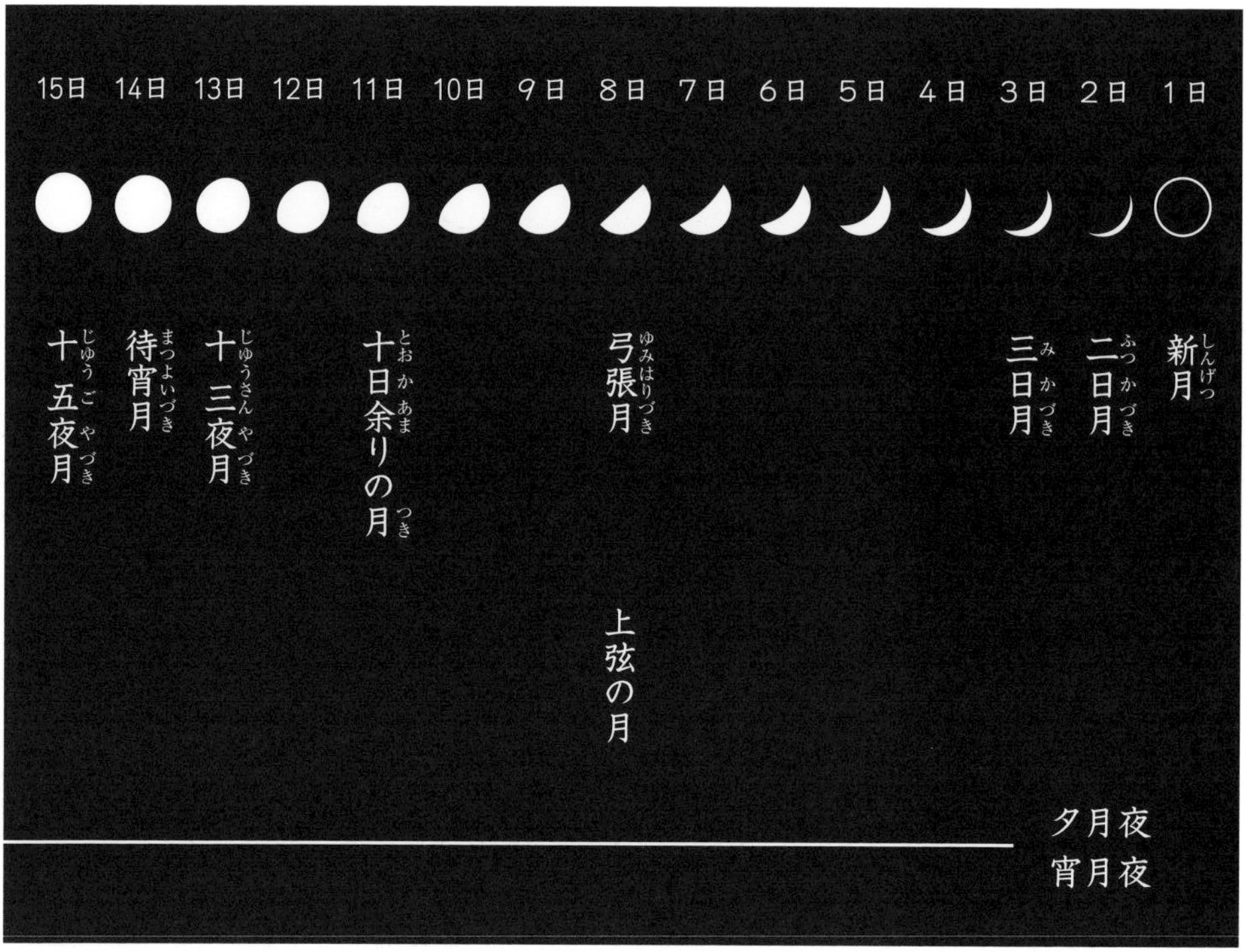
1日 2日 3日 4日 5日 6日 7日 8日 9日 10日 11日 12日 13日 14日 15日
新月《しんげつ》
二日月《ふつかづき》
三日月《みかづき》
弓張月《ゆみはりづき》
上弦の月
十日《とおか》余《あま》りの月《つき》
十三夜月《じゅうさんやづき》
待宵月《まつよいづき》
十五夜月《じゅうごやづき》
夕月夜
宵月夜

日々の変化」

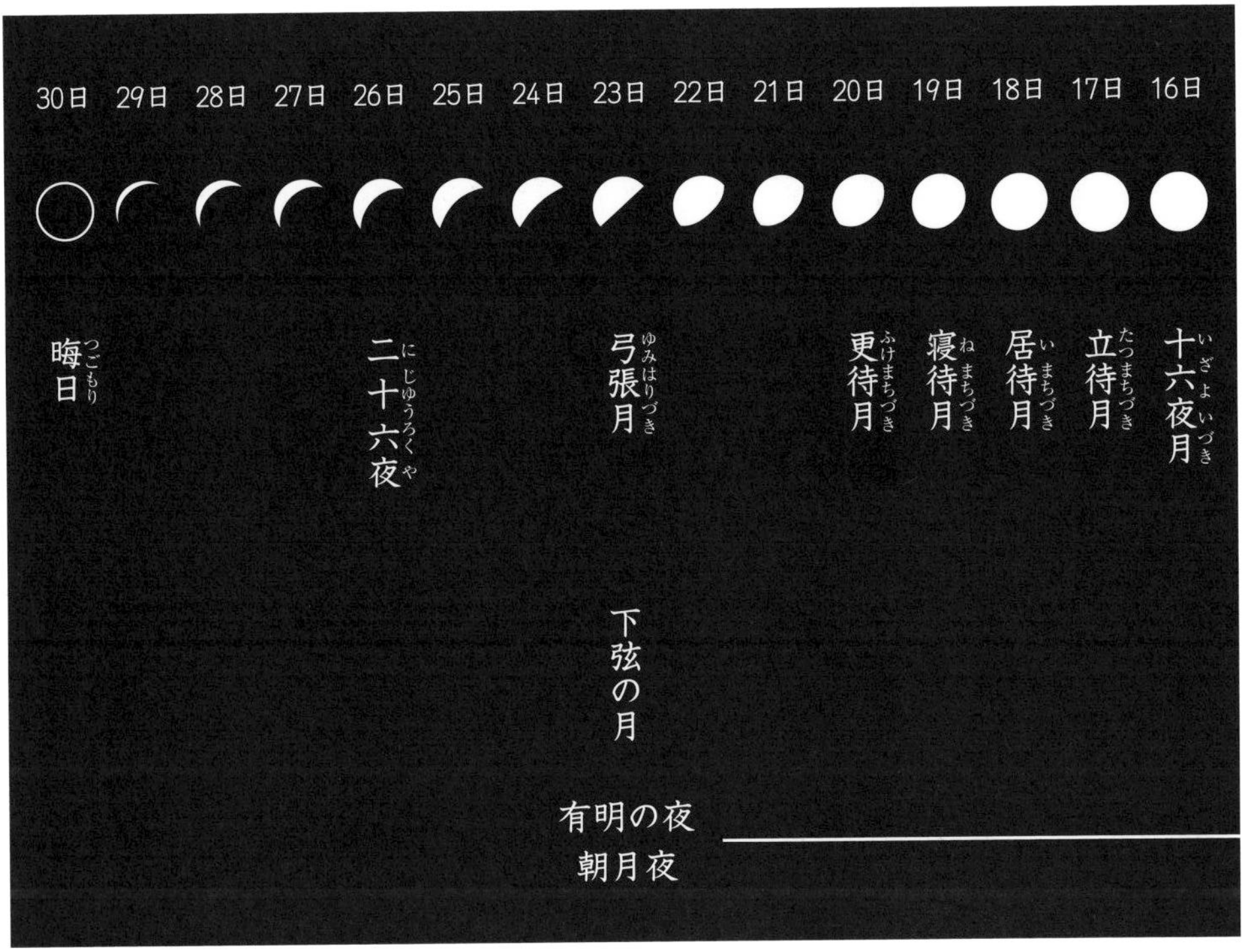
30日
29日
28日
27日
26日
25日
24日
23日
22日
21日
20日
19日
18日
17日
16日
晦日《つごもり》
二十六夜《にじゅうろくや》
弓張月《ゆみはりづき》
更待月《ふけまちづき》
寝待月《ねまちづき》
居待月《いまちづき》
立待月《たつまちづき》
十六夜月《いざよいづき》
下弦の月
有明の夜
朝月夜

図M－２「月の形の

月はどうやってできたか

月はどんな岩石でできているのでしょうか？　地球とは全《まった》くちがうものでできているのでしょうか？　これは長い間、謎《なぞ》でした。１９６９年にアポロ宇宙船《うちゅうせん》が月に着陸し、宇宙飛行士がたくさんの石を拾ってくれたおかげで、はじめて月に何があるのかがわかりました。

１９６９年のアポロ11号から１９７２年のアポロ17号までの間に、人類は6回月に着陸して、全部で３８２kgもの岩石を地球に持ち帰りました。またソ連（今のロシア）も無人探査《たんさ》ロケットで３２１gの岩石のかけらを持ち帰っています。月の岩石を調べた結果、月のひみつがいろいろわかってきました。

では、月はどうやってできたのでしょうか。今のところ、四つの説が考えられています。それぞれの説には、地球との関係をあらわしたおもしろい名前がついています。「親子説」、「兄弟説」、「他人説」、「ジャイアントインパクト説」の四つです（**図1－3**）。

「親子説」は、地球が親、月が子ども、ということで月は地球が産んだという説です。この説では、地球ができたてのころには、地球は今より速く回転していたと想像《そうぞう》しています。

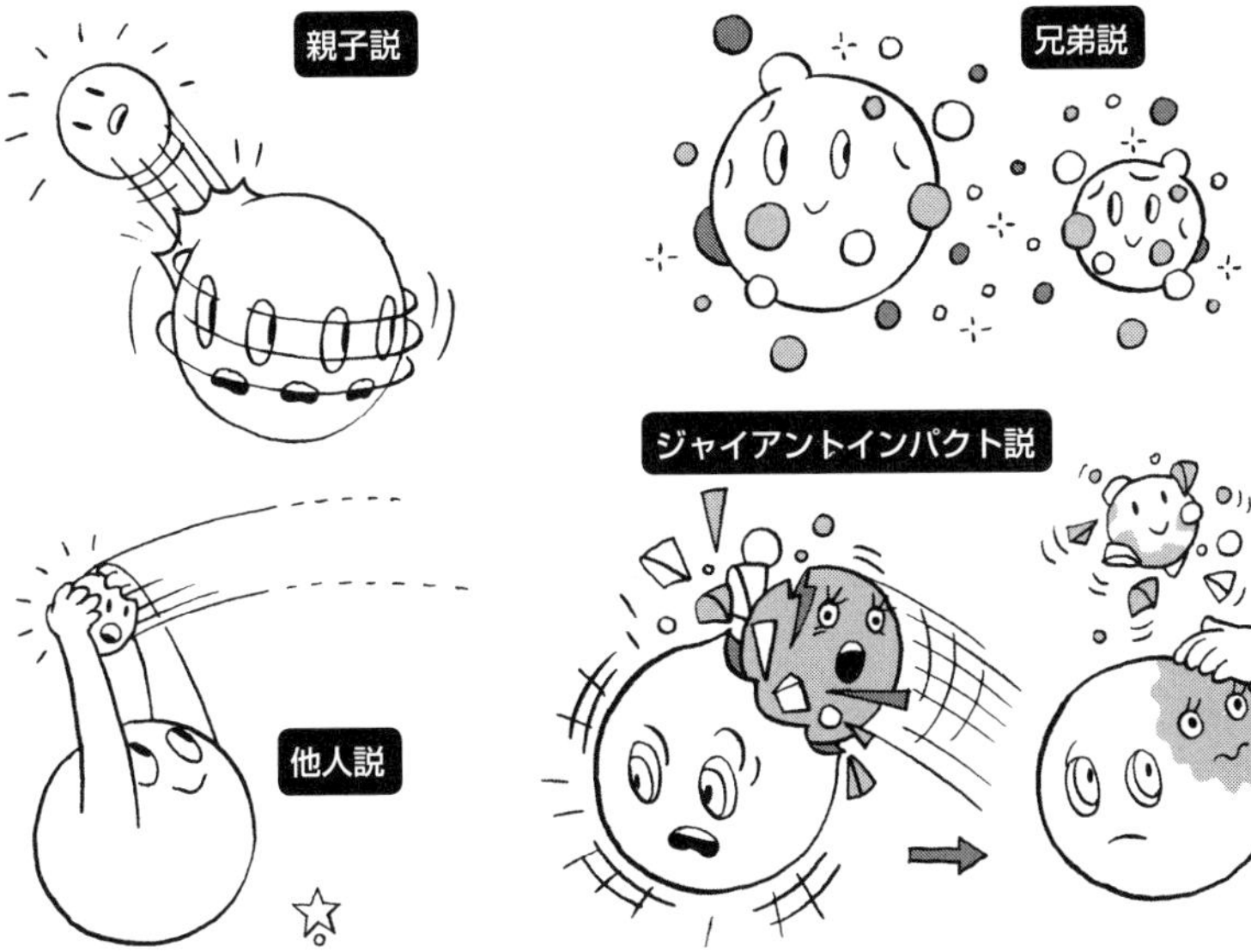

図1－3　月の起源、4つの説。

そして、その回転のゆらぎによって、地球の一部がちぎれて月になったのではないかという考え方です。「分裂《ぶんれつ》説」とも呼《よ》ばれています。実際《じっさい》のところ、月の成分は地球の表面近くの成分とよく似《に》ていると考えられています。**図1－4**は地球と月の地下の想像図です。地球の中心には重い鉄が沈《しず》んで、核《かく》という部分をつくっています。ところが、月はその大きさのわりに軽く、重い鉄の核という部分がとても小さいのではないかと考えられています。このことから、月全体の成分は、地球の表面近くの成分とよく似ていると考えるのです。

しかし、月が飛び出すほどの回転のいきおいがあったかどうか、というところが謎です。

「兄弟説」は、月と地球は最初から近くにあって、同時にできたという説です。同時なので、どちらかがお兄さんというよりも、双子《ふたご》というイメージですね。

「兄弟説」は「双子説」とも呼ばれることがあります。しかし、月と地球ではあまりにも大きさに差がありすぎるので、地球を大きなお兄さんと思うほうが、なんだかしっくりきますね。地球は、小さな小惑星《しょうわくせい》がどんどんくっついて大きな惑星になったと考えられています。この時に、地球のすぐとなりで、同じように小惑星が集まってできたのが月だという考え方です。

「親子説」の時に、月の成分は地球の表面近くの成分に近いという話をしました。もし、「兄弟説」のように小惑星をそれぞれ同時に集めたのが月と地球だとしたら、月の成分は、地球の深いところもふくめた全体の成分と同じでないとおかしいということになります。それなら月にももっと大きな核があってもいいのですが、実際には核はあっても小さそうです。このことが「兄弟説」の弱点です。

「他人説」というのは、月はどこか遠くで生まれて、それが地球の近くにただよってきて、地球の引力につかまったという説です。地球につかまったという意味で、「捕獲説《ほかくせつ》」と呼ぶ人もいます。月をつかまえるのは、なかなか大変です。地球の引力が弱いと、月は通《とお》り過《す》ぎてしまいますし、地球の引力が強いと、月は地球に落ちてきてしまいます。「引力の強さがちょうどよかった」という都合のよい話は、あまりありそうにないことです。そこ

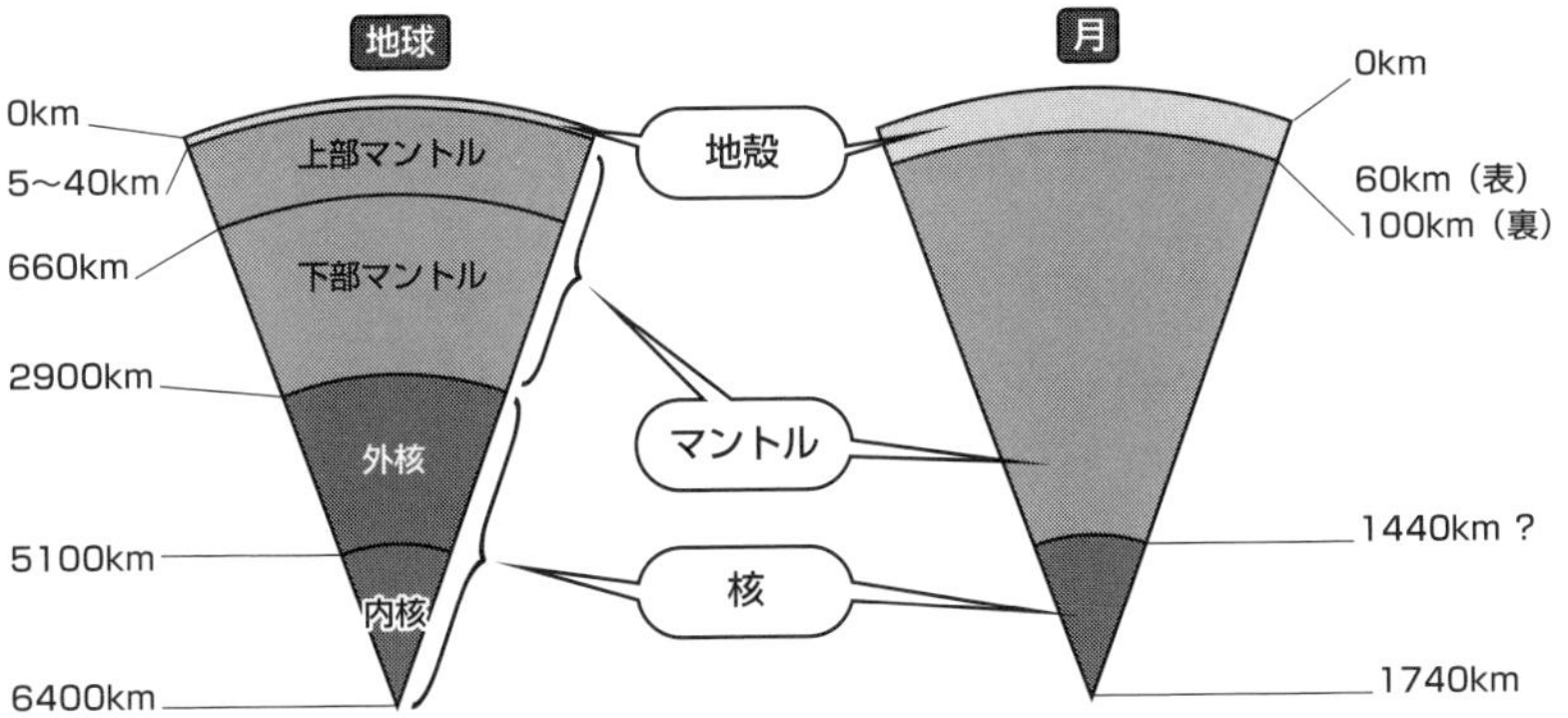

図１－４　地球と月の内部構造。

で、この説を信じる科学者はこう考えました。最初は地球のまわりには濃《こ》いガスがあったために、月がガスにじゃまされてスピードが落ちて地球につかまった。その後、ガスが宇宙に広がってなくなったために、月がそれ以上落ちてこなくなって地球を回りはじめた、と考えたのです。そんなことが本当にあったのか？　というのが謎です。

「ジャイアントインパクト説」というのは、地球ができたてのころに、火星くらいのサイズ、つまり地球の半分くらいのサイズの天体が地球にぶつかって、その破片《はへん》が集まったものが月だという説です。地球からちぎれたものでできたという意味では、「親子説」に似ています。しかし、コンピューターでの計算によると、月となるのは、ほとんどぶつかってきた方の天体の物《ぶっ》質《しつ》のようです。

このぶつかってきた天体は、本当にあったかどうかは謎ですが、「テイア」という名前がついています。「テイア」というのは、ギリシア神話の女神《めがみ》の名前で、月の女神セレーネのおかあさんです。（ちなみに、日本の月探査機《たんさき》「かぐや」は、開発している時の名前はセレーネでした。今でも、外国ではセレーネとも呼ばれています）

今、一番多くの科学者が信じている説は「ジャイアントインパクト説」です。しかし、決定的な証拠《しょうこ》が見つかっているわけではありません。みなさんが大人《おとな》になるころには、もっといい説が生まれているかもしれません。なにしろ、私が子どものころには、「ジャイアントインパクト説」はありませんでしたからね。

海と高地

では、月に行くとどんな石がころがっているのでしょうか。月を見て最初に気がつくのは、黒っぽいところと白っぽいところがあることでしょう。黒っぽいところは海と呼ばれ、白っぽいところは高地と呼ばれています。

図1-5を見てください。海には、航海のロマンを感じさせる名前がついています。昔の人は、月に本当の海があって、そこを航海している人がいると、楽しい想像をしていた

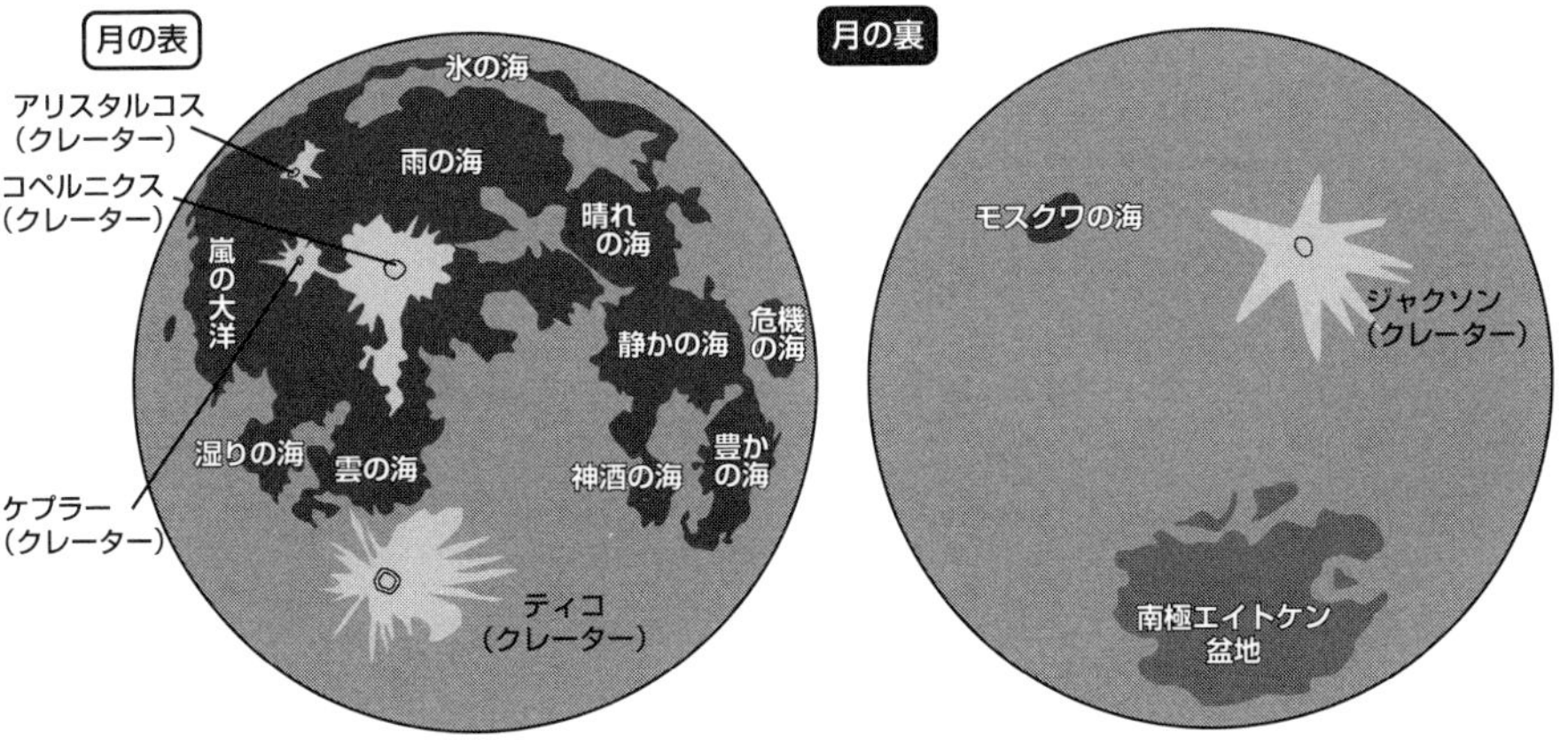

図1－5　月の海とめだつクレーター。

のかもしれませんね。

　月ができたときのもともとの地面は高地の部分で、斜長岩《しゃちょうがん》という白い岩石でできています。高地はマグマの海から固まってから現在《げんざい》までの46億年の間に、隕石衝突《いんせきしょうとつ》をたくさん受けて、でこぼこになってしまいました。地球からみると、でこぼこになっている様子はよくわかりませんが、実際は、２０００ｍから３０００ｍの高さの山脈が続くような山岳《さんがく》地帯になっています。

　一方、海は高地よりも平らになっています。この海は、高地よりもずっと後にできた、溶岩《ようがん》地帯です。みなさんも、地球の火山が真っ赤でドロドロの溶岩を噴《ふ》き上《あ》げている映像《えいぞう》をテレビで見たことがあるでしょう。あのドロドロの溶岩は、固まると黒い玄武岩《げんぶがん》という石になります。月の海が黒っぽいのは、黒い玄武岩でできているからです。

あなたが月に着陸した時に見る月世界を、頭の中で想像するためには、空に浮かぶ月と、月にある岩石と似た地球の石を一度見ておくとよいでしょう。

ミニ実験コーナー（その3）「月を描《えが》いてみよう」と、ミニ実験コーナー（その4）「月の石を探《さが》してみよう」は、そんな実験です。

ミニ実験コーナー（その3）「月を描いてみよう」

準備するもの
紙
鉛筆《えんぴつ》
このコーナーの月の写真

月を描くというだけの実験ですが、この実験は、科学者になるための大切な心構えがわかります。

以下の順番にやってみてください。

図M－3「満月の写真」
撮影：鈴木邦彦教諭（桐蔭学園高校）

(1)満月に近い月を見ながら、紙と鉛筆で月を描いてみます。この時大切なことは、月の絵や写真を絶対見ないようにして、見えたものだけを描くようにすることです。

(2)次に、このページの月の写真を見ながら、月の黒いところ（海）と月の白いところ（高地）の形や、いくつかのめだつクレーターの位置などを見て、写真を描き写してください。

(3)今度は、また本物の月を見ながら、見えたものだけを描いてみてください。

いかがでしょう。2回目に本物の月を見た時には、1回目に見えなかったものも見えてきたのではないでしょうか？　また、月のスケッチも1回目よりもずいぶんと細かくできたはずです。

この実験で伝えたいことは二つあります。

一つは、人間の眼《め》に映ることと、見えることとは、ちがうということです。1回目と2回目であなたの眼の力が変わったわけではありません。変わったのは、脳です。「こんな形のものがあるはずだ」と思って見ていると、ほんのちょっと見えただけでも、知識のある脳は見分けることができるのです。

もう一つの大切なことは、スケッチをすることで、観察する力がアップするということです。写真を描き写してもらったのは、月の細かなとくちょうをよく覚えておけるようにするためです。ただ、写真をながめていたのでは、細かなところは記憶に残りません。

私が火山にでかけていって、岩石や地層を観察する時も、ここぞという大事なところでは、写真に頼《たよ》らずに、スケッチをします。

写真は、光のあたりかたのちがいや、ぬれているところとかわいているところのちがいなどがめだつので、案外、本当に大切な岩石や地層のとくちょうが写っていないことも多いのです。どんな大きさの穴《あな》が空いているか、どんな色や形の粒《つぶ》が入っているか、そんな気になるところは、スケッチしておかないと、後で写真を見てもわからないし、思い出せもしません。

科学者になるためには、自然を観察することが大切です。また、他の職業でも、見えるものを観察したり、覚えておくことが大切だという職業は多いでしょう。その観察する力をみがくためにも、観察した内容をしっかりと覚えておくためにも、ぜひ、ここぞという大事な時には、スケッチをするようにしてください。絵は下手《へた》でも構いません。描いた絵が大切なのではなく、描いている時に、「どういうとくちょうを描いたらいいのだろうか」と考えることが、一番大切なのです。

眼で見るものについてはスケッチが大事ですが、耳で聴《き》いたことや、本で読んだことについては、メモ書きするのも、同じような効果があります。ぜひ試してみてください。

ミニ実験コーナー（その４）「月の石を探《さが》してみよう」

準備するもの

このコーナーの写真

月の高地と海の岩石を探してみましょう。

【高地の岩石】

高地の岩石である斜長岩《しゃちょうがん》は、地球ではめずらしい岩石なので、それを探すのはたいへんです。大人《おとな》になった時の楽しみにとっておきましょう。しかし、その斜長岩をつくっている鉱物である斜長石は、みなさんの近くできっと見つかりますよ。まずは、斜長石を探してみましょう。

斜長石は、よく見かける花崗岩《かこうがん》という岩石に入っています。

このコーナーの写真をよく見てください。これが花崗岩です。このようなもようのある岩石を探すのです。

この岩石には、たいてい4種類の鉱物が入っています。一番白いのが高地をつくっている斜長石、ピンク色なのがカリ長石、透明《とうめい》でちょっと灰色に見えるのが石英、黒いのが黒雲母《うんも》です。この白い鉱物だけでできたものが月の高地の岩石だと想像すればよいのです。

さて、みなさんの近くに、このもようの石はあるでしょうか。私のまわりだと、たとえ

図M-4　右、玄武岩（上）と花崗岩（下）。左、うちのウサギと、のって涼むための花崗岩（手前の板）

ば、お墓《はか》の石がこれでした。私が仕事をしている大阪大学の正門に、「大阪大学」と名前がほりこまれた石柱がたっていますが、それも花崗岩です。みなさんの学校にも、あるかもしれませんね。

おもしろいところでは、妻がペットショップで買ってきた、ウサギがねころんで涼《すず》むための石の板も花崗岩でした。ちなみに、このウサギ用の石板の箱には、「大理石」と書いてあります。大理石は、花崗岩とはまったく別の種類の岩石で、しかも、花崗岩よりは、ずっと高価な石材です。ウサギがひんやりした岩を楽しむのには、花崗岩でも大理石でもほとんど同じだと思いますが、まちがいはよくないですね。

【海の岩石】

次に海の岩石ですが、これは、玄武岩《げんぶがん》です。玄武岩もわりとよく見かける岩石ではありますが、似た別の岩石も多いので、これが玄武岩だ！とまちがいなくいえるものを見つけるのは、少し大変です。

もしみなさんの住んでいる近くに「溶岩」だという場所があれば、そこに行ってみてください。たいてい観光地になっているはずです。火山からでてきた真っ赤な溶岩が冷えて固まって、黒っぽい溶岩（固まっても溶岩と呼《よ》びます）になったところがあったら、それは月の海の玄武岩と同じ岩石だと思って大丈夫《だいじょうぶ》です。玄武岩ではなく、安山岩という、少し成分のちがう溶岩であることもありますが、どちらにしても、海の岩石とほとんど同じです。

近くに溶岩がない場合は、ペットショップで、水槽《すいそう》に入れる石の中から溶岩を探してみましょう。ウサギの涼む板は花崗岩がまちがって大理石と書かれていることが多いですが、水槽に入れる石で、溶岩と書いてあるものは、本物の溶岩であることがほとんどです。

月の地面がどんな岩石でできているかが、わかったかと思います。しかし、この岩石がそのままごろごろ転がっているわけではありません。月の表面は何億年もの間、隕石衝突をくりかえしてきたので、ほとんどの岩石は粉ごなにくだけて、砂《すな》になっています。この砂のことをレゴリスと呼びます。**図1－6**はアポロ宇宙船の飛行士が月面のレゴリスにつけた足跡《あしあと》です。こんなにくっきりとした足跡がつくのは、レゴリスがとても細かい粒《つぶ》で、ほとんどが直径0・1㎜より小さいからです。浜辺《はまべ》の砂でも、こんなにきれいな足跡にはならないでしょう。レゴリスの小ささを、ミニ実験コーナー（その5）「月の足跡をつくってみよう」で、確認《かくにん》してください。

図1－6　人類初の月面着陸の時に宇宙飛行士が月面につけた足跡（NASA）。

ミニ実験コーナー（その5）「月面の足跡《あしあと》をつくってみよう」

準備するもの
片栗粉《かたくりこ》もしくは小麦粉
塩
その他、粉ならなんでも
10円玉
小皿

アポロ宇宙船の飛行士のようなかっこいい足跡をつけるにはどうしたらいいのでしょうか。どうやらそのひみつは、粉のこまかさにあるようです。いろいろな粉を小皿に入れて、足でふむかわりに10円玉を押《お》しつけて、アトをつけてみましょう。

片栗粉や小麦粉は、レゴリスよりも粒《つぶ》が少し小さいです。また、塩はどこで買った塩かにもよりますが、たいてい、レゴリスよりはずいぶんと大きいはずです。

いかがでしょう、どんな場合にくっきり跡がついて、どんな場合に、ぼやけた跡になるか、わかりましたか？

図M－5　片栗粉に 10 円玉を押しつけたら、文字がくっきり！　押しつけかたにちょっと工夫がいります。他の粉だとどうなりますか？

クレーター

月にはたくさんの丸いへこみがあります。これは、昔は火山の火口かもしれないと考えられていました。しかし、今では、ほとんどが隕石衝突でできた穴《あな》だということがわかっています。

もともとのクレーターという言葉は、火山の火口にも、隕石の衝突でできた穴にもどちらにも使える言葉です。ですから、隕石衝突でできたものは、「衝突クレーター」と呼ぶのが正確《せいかく》です。しかし、日本では、クレーターといったら、たいてい衝突クレーターのことをさすようになってきました。そこでこの本でも、クレーターといったら「衝突クレーター」をさすことにして、火山の火口の時は、そのまま「火口」と書くことにします。

大きなクレーターには、科学者や哲学者《てつがくしゃ》など、昔のえらい人の名前がついています。南極の近くでは、地球の南極を探検《たんけん》した冒険家《ぼうけんか》の名前がついていたりしますし、裏側《うらがわ》のクレーターには、はじめて月の裏側の写真をとった国であるソ連（今のロシア）のえらい人の名前がたくさん使われるなど、月の場所によって、ふんいきが変わるのが楽しいです。

直径100㎞よりも大きなクレーターには、たいてい真ん中に大きな山があります。こ

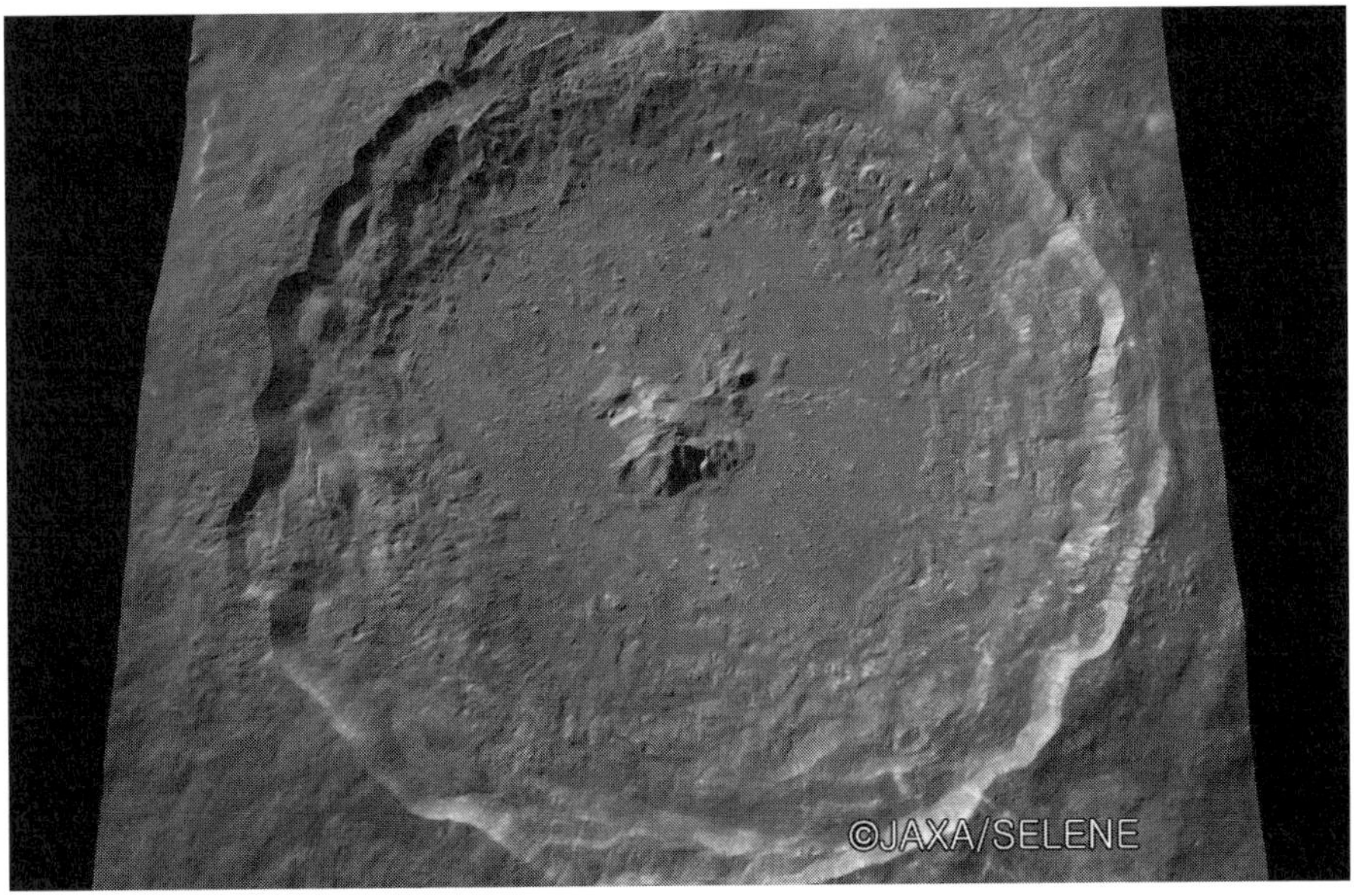

図1－7　「かぐや」の地形カメラの写真をもとに作り出した、ティコクレーターの立体画像（JAXA/SELENE）。ティコクレーターの直径は約84km、中央丘の高さはクレーターの底から約2500mもあります。

れは、中央丘《ちゅうおうきゅう》という山で、高さが２０００ｍから３０００ｍもあり、地球にあったらりっぱな名山です。**図1－7**は、ティコクレーターの写真ですが、この真ん中にそびえたつ山が中央丘です。この山は、隕石が落ちたときのいきおいが地面につたわって、その地面のはずみで、月の地下の物質が飛び出してできると考えられています。つまり、この中央丘を調べれば、月の地下の岩石が何かがわかるはずです。中央丘はそそりたつ急な山なので、着陸することはたいへんむずかしいですが、いつかここに着陸して、月の地下の岩石を調べてみたいものです。

　中央丘のできるしくみについては、ミニ実験コーナー（その6）「クレーター中央丘をつくってみよう」をごらんください。

ミニ実験コーナー（その6）「クレーター中央丘《ちゅうおうきゅう》をつくってみよう」

図M－6　ミルククラウンのあとで中央丘が飛び出します。

準備するもの
浅い皿　1枚
牛乳　コップ一杯
ストロー　1本
あれば、ビデオカメラ

隕石が落ちた時のいきおいが地面に伝わって、地下ではねかえってもどってくる時に、クレーター中央丘ができます。
同じことを台所でやってみましょう。

⑴浅い皿に牛乳を入れます。
⑵ストローを牛乳の入ったコッ

プに少しつけて、ストローの反対側を指でおさえます。そうすると、ストローを上に持ち上げても、ストローの中の牛乳は落ちてきませんよね。

(3)ストローを牛乳の入った皿の上に持って行き、指をはなして、牛乳のしずくをひとしずく落としてください。

(4)うまくいくとミルククラウンというしぶきがあがりますが、その真ん中に、まっすぐに上にあがるしずくができます（**図M－6**）。これが固まったものが中央丘です。しぶきはあっという間に終わってしまうので、ビデオカメラがある人は、撮影して、あとでコマ送りでゆっくりと見てみてください。

隕石が落ちた時に、地面も少し溶《と》けますが、中央丘が牛乳のように溶けた岩石からできたわけではありません。もし完全に溶けていたら、山の形に固まる前に、くずれて平らになってしまいますからね。実際には、さまざまな大きさにくだけた岩石がいっしょにうごくことで、まるで液体のようにうごくのだと考えられています。砂場の砂が水のようにコップですくえるのと似たようなことです。

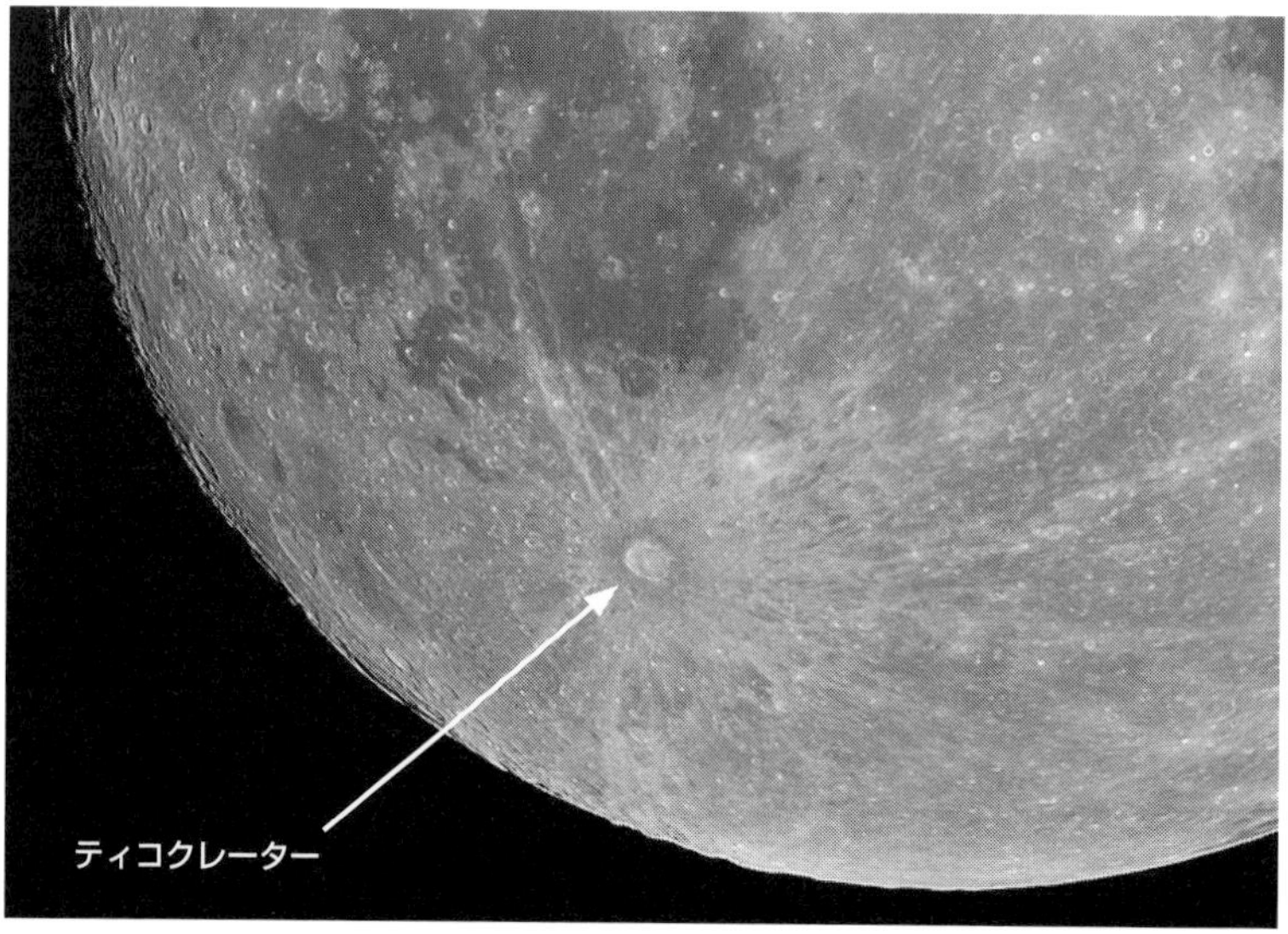

図1－8　ティコクレーターから広がるレイ。撮影：鈴木邦彦教諭（桐蔭学園高校）

レイ

図1－8の矢印のクレーターから四方八方にのびている白い筋《すじ》があります。この筋をレイまたは光条《こうじょう》といいます。これは、隕石が月面に衝突《しょうとつ》してクレーターができる時に、地下の岩石が四方八方にまきちらされてできるものです。地下の岩石はなぜ白っぽいのでしょうか。

この白っぽい色は岩石のもともとの色です。

レイのひみつを説明する前に、隕石の衝突について、もう少しくわしく説明しておきましょう。

月の表面には、隕石がたくさん落ちてきます。地球の場合は大気があるので、小さな隕石は大気に突入《とつにゅう》した時に熱で溶《と》けて粉ごなのチリになってしまいます。よく、大気とのまさつで溶けるという説明があります。まさつのようなものと思ってもまちがいではないのですが、もう少し何が起きているのかをくわしく知りたい人は、ミニ実験コーナー（その7）「隕石が大気圏《たいきけん》突入で熱くなる理由がわかる実験」をごらんください。

ミニ実験コーナー（その7）「隕石《いんせき》が大気圏突入で熱くなる理由がわかる実験」

準備するもの
輪ゴム　1本

隕石が大気圏に突入したときに、「まさつ熱で燃える」とよく言われます。それはまちがいではないのですが、もう少しくわしく説明します。まず、隕石の前にある空気が、ものすごい速さの隕石におされて急に押《お》しつぶされて高温になります。そして、その高温の空気が熱で隕石を溶《と》かしているのです。

小惑星探査機「はやぶさ」も大気圏突入の時に高熱を発して、溶けてばらばらになってしまいました。

空気を押しつぶすと熱くなるというのは、あまり生活の中で感じることはできません。

しかし、同じことを簡単《かんたん》に実験することができます。

輪ゴムを用意してください。まず輪ゴムをそっと机《つくえ》の上においてください。この時、輪ゴムの太さは一番太くなります。次に、輪ゴムを持ちあげて、指でひっぱって伸《の》ばしてみてください。この時は、輪ゴムの太さは細くなりますよね。ゴムを空気と考えると、太い時（ゆるめた時）が空気の体積が大きい状態、細い時（伸ばした時）が空気の体積をぎゅっとちぢめた状態と同じになります。

ゆるめた状態から急に伸ばすと、ゴムは温かくなります。逆に伸ばしたまましばらくしてから、急にゆるめると、ゴムは冷たくなります。

この温度の変化はとてもわずかなので、温度計ではかることはむずかしいですが、簡単にわかる方法があります。それは、みなさんのくちびるを使う方法です。くちびるは少しの温度の変化でもわかるのです。

では実験をはじめましょう。

(1)机の上に30秒ほどゴムをおいてください。ゴムの温度が部屋《へや》の温度とだいたい同じ温度になっているはずです。

(2)ゴムを手でもって、急に伸ばして、すぐにくちびるにつけてみてください。ちょっと温かく感じませんか？（**図M－7**）

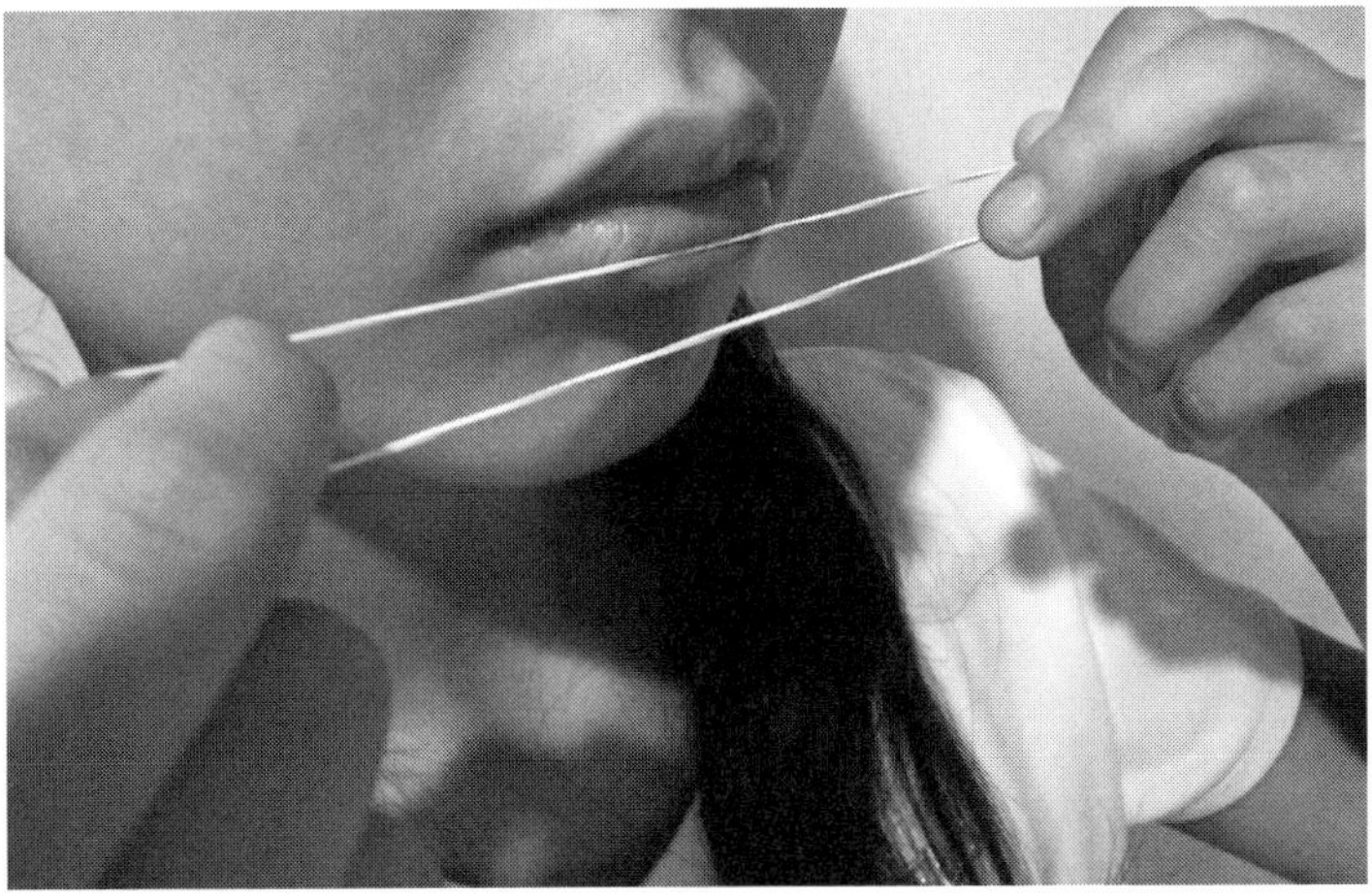

図M－7　輪ゴムを急にのばしてくちびるにあてると、
温かくなっていることがわかります。

(3)次に、手でゴムを伸ばしたまま、30秒ほどそのままにしておいてください。ゴムの温度が部屋の温度とだいたい同じ温度になっているはずです。

(4)今度は、急にゴムをゆるめて、そのまますぐにくちびるにつけてください。どうですか、ヒヤっとしたのではないでしょうか？

空気を急にちぢめることを科学の言葉では断熱圧縮「だんねつあっしゅく」といいます。なんで「断熱圧縮」すると熱くなるのかが本当にわかるためには、高校生くらいの理科の勉強が必要です。しかし、ゴムを使えば小学生でも、その原理をためしてみることができます。

さて、隕石が地球の大気にぶつかると、前方の大気をぎゅっと縮《ちぢ》めるために、空気の温度があがります。小さな隕石は、その空気を押《お》しつぶす時のショックや、高温によって、溶けて蒸発《じょうはつ》したり、粉ごなになったりします。そのため、もともと数十㎝以上あったような大きな隕石でないと、地球では地面に落ちてきません。

一方、月には大気がないので、どんな小さな隕石も1秒間に十数㎞進むくらいの速さで落ちてきます。月の岩石は、この小さな隕石の衝突で、だんだんとけずられていきます。また、宇宙には宇宙放射線《ほうしゃせん》という強い放射線があります。この放射線によっても、月の岩石の表面は、少しずつ傷《いた》んできます。

小さな隕石や放射線があたると、月の表面の岩石は少し黒ずんできます。このことを、宇宙風化と呼びます。地球では風化というと、雨や風にさらされて岩石がだんだんとボロボロになっていくことをいいますが、宇宙では、雨が降《ふ》ったり風が吹《ふ》いたりする代わりに、隕石が降ったり放射線があたったりして風化がおきます。

月の表面は何億年もの間、隕石や放射線にさらされて、宇宙風化を受けるので、もともとの岩石の色よりもずいぶんと黒ずんでいます。そこに隕石が衝突すると、まだ宇宙風化を受けていない、地下の新しい岩石の破片がほりだされます。新しく掘《ほ》られたクレーターや、そこから飛び出した破片は、白っぽくなるわけです。また、クレーターから飛び出した破片が、月面に落下する時に、地面をひっかくので、そこでも地下の新しいレゴリスや岩石が出てきます。

こうして、新しいクレーターのまわりには、レイができます。このレイはおおよそ10億年たつと、宇宙風化で黒ずんで、まわりと区別できなくなると考えられています。レイがめだつ、ティコクレーターは約1億年前、コペルニクスクレーターは約1億8000万年前にできたと考えられています。クレーターの直径はそれぞれ84㎞（ティコ）、93㎞（コペルニクス）と、月のクレーターの中では、めだって大きいクレーターというわけではありません。しかし、レイがあるために、写真ではとてもめだっています。

ミニ実験コーナー（その8）「レイをつくってみよう」

図M－8－1　ストローを吹く強さによって、いろいろなレイができます。

準備するもの
小麦粉　コップ1杯《ぱい》程度
ココア　おおさじ1杯程度
平たい皿　1枚
ストロー　1本
（あれば、粉ふるい　一つ）

レイというのは、月の新しいクレーターのまわりに広がる白い筋のことです。月の表面は宇宙風化で色が黒っぽく変わっています。そこに、新しいクレーターができると、地下にある、まだ宇宙風化をうけていない白っぽい岩がばらまかれるので、白い筋《すじ》ができます。このレイを台所でつくってみましょう。

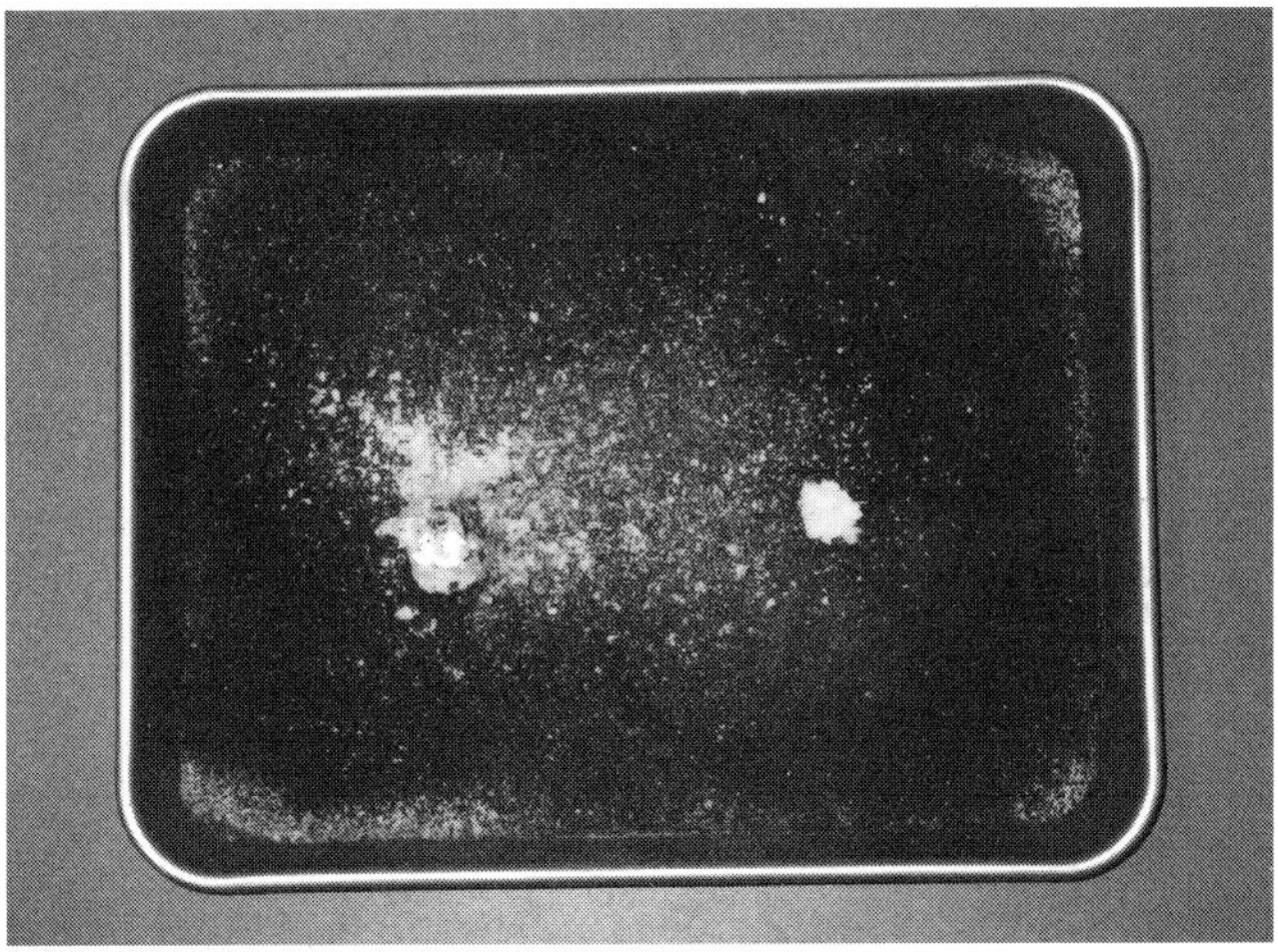

図M－8－2　吹き方によって小麦粉のとびちり方も変わります。

(1)平たい皿に、小麦粉を1㎝くらいの厚さでひろげます。

(2)その上に、ココアをうすくかぶせます。粉ふるいがあれば、それでココアをまいたほうが、簡単《かんたん》にうすくかぶせられるでしょう。

これで、月の地面のできあがりです。

(3)ストローで、好きなところを吹いて、空気で穴《あな》をつくってみてください。うまく吹き飛ばすと、レイのような筋ができます。

月に隕石《いんせき》が落ちると、隕石は、落ちた時のいきおいであっというまに温度があがって蒸発《じょうはつ》して爆発します。ストローで空気を吹きこむことと、隕石がぶつかることは、けっこう似《に》ているのです。

図1－9　「かぐや」のハイビジョンカメラが撮影した月の火山地帯マリウスヒルズ（JAXA／NHK）。嵐の大洋の西部にあり、数百の小型火山があります。

火山

月のくぼちは、ほとんどが衝突クレーターだといいましたが、火口も存在《そんざい》します。**図1－9**はマリウスヒルズという火山がたくさん集まった場所の写真です。火山地帯に着陸した探査機はまだないので、どんな火山かはくわしくわかっていません。私は火山の研究もしているので、ぜひこの場所を探査してみたいと考えています。おそらくは、地球の火山のスコリア丘にちかいものがあるのではないかと思っています。

図1－10は熊本県阿蘇《あそ》にある米塚と

図1－10　熊本県阿蘇市にある高さ80mほどのスコリア丘。米塚と呼ばれている。

図1－11　伊豆大島の三原山周辺に大量に降り積もっているスコリア。

いう名前のスコリア丘です。

スコリア丘というのは、火口から噴《ふ》き出《だ》したマグマのしぶきが空中で固まって、降りつもってできた小山です。マグマのしぶきが**図1－11**のような小石になって降りつもっています。マグマにふくまれているガスが泡《あわ》となって空気中に抜《ぬ》けるので、穴だらけでスカスカの軽石ができます。この黒色の軽石のことをスコリアと呼びます。

スコリアの大きさは火山によってさまざまです。ニュージーランドのタラウェラ山という火山に行った時には、伊豆大島より大きな数cmの軽石が火口に降りつもっていました。この火口を歩いておりたのですが、ゴツゴツしたスコリアがうまい具合に組み合わさることで、崖《がけ》が天然の階段《かいだん》のようになりました。本当ならぜったいすべって転んでしまうような急な崖を、簡単《かんたん》に歩いておりることができたのは、楽しかったです。

月のスコリアの大きさや、ガスの抜けた穴の大きさを観察することで、月のマグマの性《せい》質《しつ》がわかるのではないかと考えています。そんな探査をいつかやりたいですね。

峡谷《きょうこく》

図1―12を見てください。このように月には川が流れたような峡谷もあります。しかし、月には流れる水はありません。このような地形をつくったのは、溶岩だと考えられています。

月の岩石の成分と地球の岩石の成分のわずかなちがいによって、月の溶岩は、地球の溶岩よりも、もっとサラサラしていると考えられています。どのくらいサラサラかというと、とんかつソースかシャンプーくらいです。一方ハワイの溶岩はハンドクリームのようにちょっとネバネバしています。伊豆大島の溶岩は、かなりネバネバしていて、なかなか身の回りに似たネバネバなものがありません。坂道にたくさん流した時の流れる速さがハンドクリームの1000分の1くらいに遅《おそ》くなるほどネバネバです。

地球の溶岩は、ネバネバしたものが多いので、溶岩が流れると、たいてい溶岩のほうが地面よりもり上がった形で固まります。しかし、月の溶岩はサラサラしているので、流れ

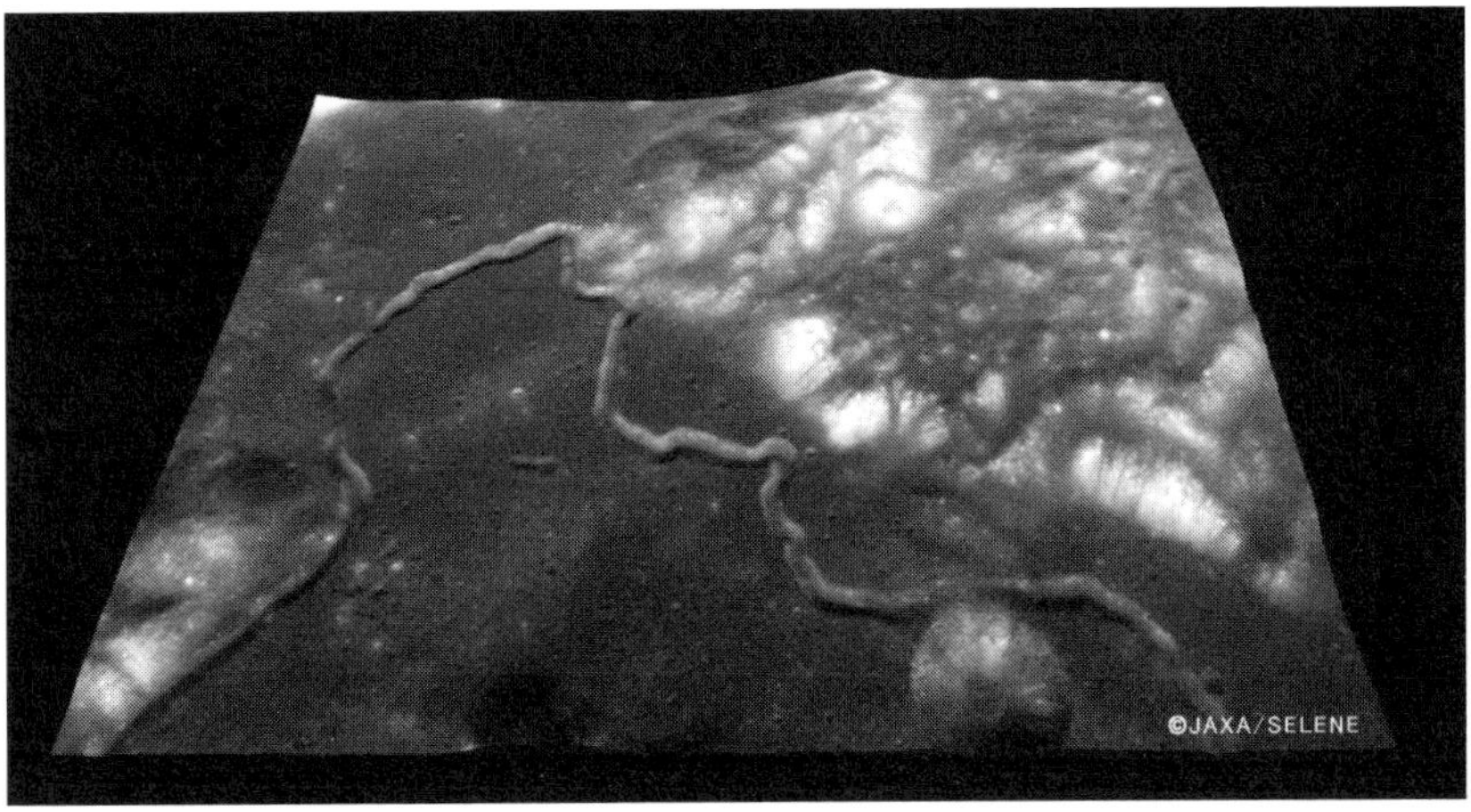

図1－12　「かぐや」の地形カメラの写真をもとに作り出した、蛇行谷の画像（JAXA/SELENE）。全長80km、幅1～2km、深さ300mのハドレー谷。谷の向こうには高さ3400mのアペニン山脈がそびえています。

る時は水のように地面をけずっていきます。ただ水のようにレゴリスをおし流すだけでなく、溶岩の熱によって地面が溶けてけずれることもあわさります。

月の峡谷は大きなものだと幅《はば》数km、深さ数百m、長さ500km以上になるものもあります。人間が月に住むようになったら、きっと観光地になって、谷底を月面車で下るツアーができることでしょう。

月の環境《かんきょう》

月の地形を見ていると、なんだか地球のように簡単に旅行ができるような気がしてきます。しかし、やはり月は地球とはちがうということを、ここで思い出しておきましょう。

まず、月は重力が地球の6分の1しかありません。これは、重い宇宙服《うちゅうふく》が軽く感じられるので、うれしいことです。もし、月の基地《きち》のなかで、地球と同じ服を着て、おなじ力でジャンプしたら、地球での高さの6倍の高さに飛ぶことができます。月でオリンピックをしたら、すごい記録がでるでしょうね。

しかし困《こま》ったこともあります。月面車のドリルで地面に穴をあけようとしたら、月面車を地面におしつける重力が小さいので、ドリルのほうではなく、月面車の方がくるくるまわってしまうことがあります。そのため、月で土木作業をおこなうショベルカーやブルドーザーは、レゴリスをつみこんで、重くしなくてはなりません。

月の環境でもっとも厳《きび》しいのは、空気がないことでしょう。宇宙服なしでは息ができないのは大変です。しかし、それだけでなく、空気がないことで、いろいろな問題がでてきます。

まず、寒暖《かんだん》の差がはげしくなります。地球では熱を空気が運ぶので、日向《ひなた》も日陰《ひかげ》もそんなに温度は変わりません。しかし、月には空気がないので、日向は120℃、日陰はマイナス80℃といったとんでもない温度差がつきます。アポロの宇宙飛行士の宇宙服の中には水を通すホースが入っていて、水を流すことで、日に当たる側と日が当たらない側の温度があまり変わらないようにしていました。

次に空気がなくて困ることは、宇宙放射線や隕石が、どんどん降りそそぐということです。まあ、隕石はそんなにバラバラ降ってくるわけではないので、めったなことでは当たらないと思います。しかし、小さな隕石でも弾丸《だんがん》のようなスピードで落ちてくるので、月面に長くいる時は、気をつけた方がよいでしょう。それよりも問題が大きいのは、放射線です。特に太陽フレアという、太陽の表面でおこる爆発現象《ばくはつげんしょう》があった場合には、健康に害がおよぶほどの量の放射線が降りそそいできます。そんな時には、何mもの厚い壁《かべ》のある部屋に入るか、地下に逃《に》げこまねばなりません。

月面で長期間活動するためには、やはりきちんとした基地を建設《けんせつ》しておかねばなりません。

月が地球にあたえる影響《えいきょう》

月は地球に大きな影響をあたえています。ここからしばらくは、どんな影響があるのか、見ていきましょう。

潮《しお》の満ち引き

海水浴にいったことがある人は、海に満潮《まんちょう》と干潮《かんちょう》があるのを知っているかと思います。釣《つ》りが好きな人は、魚がよく釣れる満潮の直前をねらってでかけたりしていることでしょう。満潮では海の水位があがって浜辺が海に沈み、干潮では海の水位がさがって浜辺が大きくあらわれます。

この潮の満ち引きは、月が起こしています。**図1−13**がその様子をあらわした図です。まず、地球と月の間の海を見てください。海がもりあがっていますね。月の引力は月に近いほど大きくはたらくので、月に近い海がひっぱられるのは、なっとくできるかと思います。

ところが、その反対側の月から遠いところの海ももりあがっていますね。これは、地球が月に振《ふ》り回《まわ》されていることによるものです。お父さんが小さな子どもの手を持ってくるくる回転しているところを想像してください。お父さんが地球で、子どもが月です。お父さんは重いですが、それでも子どもを回すと子どもにひっぱられるので、どうしても背中の方へ少し倒れたようなしせいで回らないといけません。

このとき回転の中心はお父さんではなく、お父さんと子どもの間にあります。そうする

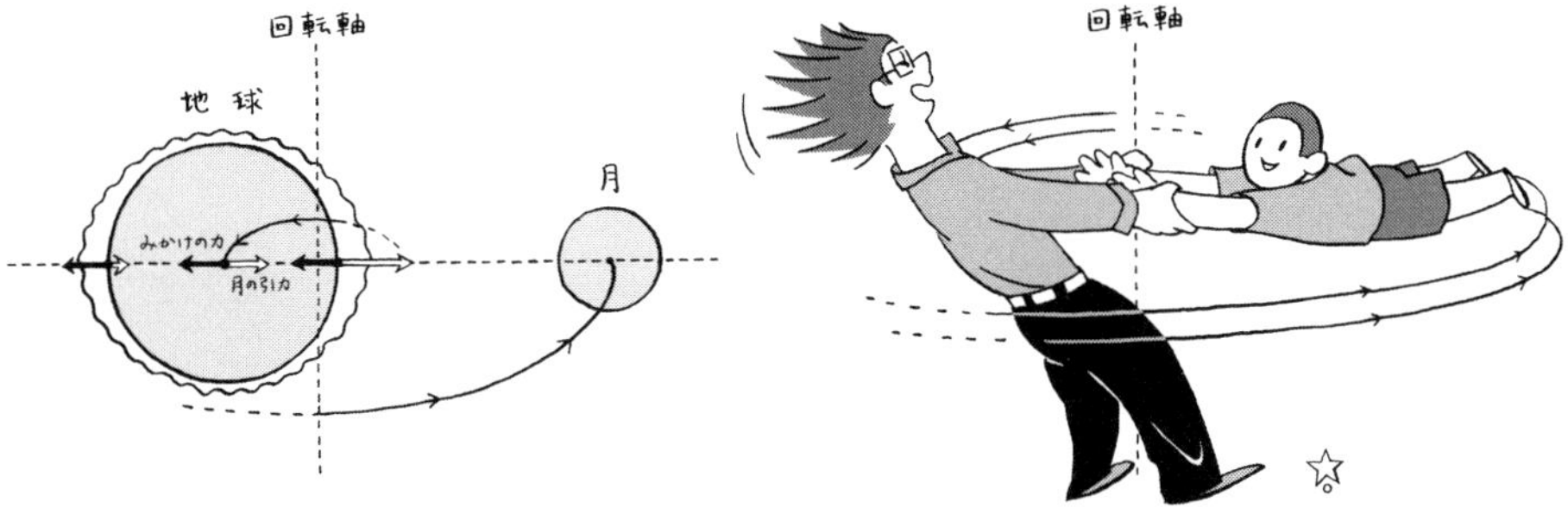

図1－13　潮の満ち引きの説明。

と、お父さんの髪の毛は、振り回されているお父さんの頭の動きについていけずに、まるで後ろからひっぱられたようになります。この「みかけの力」によって、月の反対側の地球の海もふくらんでいます。

月による「みかけの力」は地球のどこでも、月から離《はな》れる向きに同じ大きさでかかっています。どうしてそうなるかは、大学生くらいの理科の勉強が必要なので、大きくなったら考えてみてください。地球の中心では、月の引力と「みかけの力」がつりあっています。

このように、月に近い側と月の反対側で海がふくらみます。そこが満潮です。地球は1日1回まわっているので、満潮になるのは1日2回（月に近い時と遠い時）です。

海に行った時に、満潮でビーチがなくなって困ったとか、干潮で魚が釣れなかったとか、にがい経験《けいけん》をした人もいるでしょう。でかけるまえに満潮や干潮の時刻《じこく》を調べておくと便利です。新聞や、釣具店《つりぐてん》にある潮汐表《ちょうせきひょう》、気象庁《きしょうちょう》のサイトなどで調べることができます。

ミニ実験コーナー（その2）「明日の月を予想してみよう」で、月が昇《のぼ》る時刻は、1日約50分ずつ遅《おく》れていくというお話をしました。ということは、満潮や干潮の時刻も、1日約50分ずつ遅れていくということになります。このことを知っていると、自分でも満潮や干潮のおおよその時刻が予想できるようになります。

ただ、海の水面を持ち上げるためには、まわりから海水を集めなければなりません。しかし、それを待たずに地球はどんどん回ってしまうので、月の方向と海がもりあがっている場所は、ずれていきます。月の位置と、あなたの住んでいる地域の満潮干潮時刻と、どのような関係があるか、調べてみるとおもしろいですよ。

生命への影響

月が地球の生き物の生活に影響をあたえている、という話がよくテレビなどで出てきます。海で生活する生物にとっては、潮の満ち引きが月によっておこっているのですから、生活に深い関係があることはまちがいありません。

一方で、例えば、満月や新月の夜には交通事故《じこ》や犯罪《はんざい》が増《ふ》えるといった話もあります。これについては、私は本当かどうかよくわかりません。月の位置による重力の変化はほんのわずかです。それが人間の精神《せいしん》や行動に影響をあたえることができるのでしょうか？人間はたくさんいるので、ほんのわずかな影響でも事件《じけん》の件数《けんすう》にあらわれるというようなことがあるのかもしれません。しかし、納得《なっとく》がいく原因がわかるまでは、半信半疑《はんしんはんぎ》のままでいようと思います。

人間の精神や行動と、月の満ち欠けに関係はあるのでしょうか、ないのでしょうか？今のところはよくわかりません。関係のなさそうな二つのことに、関係があるのかないのかということを調べるのも科学の役割《やくわり》です。そのうち、はっきりすることでしょう。

自転の安定

月がなければ人類は生まれなかったという説もあります。地球はコマのように自転軸《じてんじく》を中心としてくるくる回っています。この自転軸は、地球が太陽を回っている面に垂直《すいちょく》な方向から、現在は23・4度傾《かたむ》いています。だいたいこのあたりの角度で長い間安定しているようです。これは、重い月を振り回しているおかげだと考えられています。

月がないと、もっと自転軸が傾きやすくなるのだそうです。自転軸が傾くということは、季節変化がものすごく大きくなるということを意味します。横だおしに近くなると、夏は海が干上《ひあ》がって、冬は海の底まで凍《こお》りつくというようなたいへんな気候になってしまいます。

月のおかげで気候が安定して、生命が絶滅《ぜつめつ》せずに人類まで進化できたのかもしれません。

人類の宇宙開発にあたえる影響

近くに月があるということは、人類の発展《はってん》に大きな意味があるように思います。今の人類は、地球が太陽のまわりを回っているということを知っています。昔の人びとは地球が世界の中心で、宇宙の天体が地球のまわりを回っているという考えを持っていました。地球からしか宇宙を見ていないのですから、そういう考え方にとらわれるのは、自然なことです。

地球が太陽のまわりを回っているという正しい考えを思いついた原因は、主には、夜空の中で、恒星とは一緒《いっしょ》に動かない、火星、水星、金星、木星、土星といった惑星のおかしな動きの観察のおかげです。しかし、地球のまわりを回り、満ち欠けをしている月がもしなかったら、天体のまわりを天体が回るというアイデアを人類が思いつくことに、もっと時間がかかったのではないかと思います。

まず、太陽のまわりを地球が回っているという地動説ができました。そして、なぜ太陽を回る天体が太陽に落ちないかを説明するための理科（物理学）がうまれました。その結果、人類はロケットで宇宙に行けるようになったのです。

今後の人類の発達にも、月は大きな役割を持っています。もし、月がなかったら、人類は、今でも、他の天体に行ったことがないことになります。人類は、月に行ったことがあるからこそ、火星に行くためにどういう準備《じゅんび》をしなくてはならないかがわかります。しかし月がなく、はじめての他の天体への着陸が火星だったとしたら、どうなっていたでしょう。

現在のロケットで、月ならば4日ほどで行けますが、火星には2年以上かかります。みなさんも、はじめての冒険《ぼうけん》が4日で行けるところだったら行く気になりますが、2年もかかるところだったら、恐《おそ》ろしくてなかなか行く気にならないでしょう。月旅行は火星旅行のちょうどよい練習になるのです。

第2章　月の謎《なぞ》への挑戦《ちょうせん》

50年前に、人類は月をどう思っていたか

アポロ計画がはじまるまで、月は今よりももっと謎に満ちた天体でした。アポロ計画より前の月の本を読むと、昔の人が月をどう考えていたかがわかっておもしろいです。たとえば、月のクレーターは、今ではほとんどすべてが隕石衝突《いんせきしょうとつ》によるものだと考えられています。しかし昔は、クレーターが隕石衝突の跡《あと》なのか、それとも火山の火口なのか、意見がわかれていました。また、月の表面がどんな岩石でできているかもいろいろな説があり、地球の陸地と同じような花崗岩《かこうがん》という岩石でできているという説もあれば、小惑星《しょうわくせい》イトカワのような、太陽系《たいようけい》初期のチリが集まってできたコンドライト隕石と同じような岩石でできているという説もありました。斜長岩《しゃちょうがん》でできていると思っていた人は、ほとん

どいなかったようです。

素晴《すば》らしきアポロ計画

アポロ計画はとんでもない計画でした。１９６１年、当時のアメリカ大統領《だいとうりょう》ケネディ氏は、「10年以内に人間を月に着陸させ、安全に地球にもどす」というアポロ計画の発表をおこないました。１９６２年の講演《こうえん》では「10年以内に月に行こうと決めた、それは、簡《かん》単《たん》だからではない。むしろ困難《こんなん》な計画だからだ」と演説《えんぜつ》をしました。なんというかっこいい演説なんでしょう。

しかし、アメリカが地球を回る無人の人工衛星《えいせい》の打ち上げに成功したのは１９５８年で、ほんの3年前のことでした。そして人がのる宇宙船《うちゅうせん》を宇宙にとばしたのは、１９６１年で、なんと、アポロ計画の演説のほんの1カ月前のことだったのです。また、この時のマーキュリー宇宙船は、宇宙といってもたった高度１８８㎞に行っただけで地球を一周もしていません。しかも飛行時間はたった15分ちょっとでした。アポロ計画のめざす月は38万㎞もはなれていて、片道《かたみち》4日間もかかる旅なのです。

さらに、行くだけではだめで、帰ってこなくてはなりません。それはどういうことかというと、月でもう一度ロケットの打ち上げをやらないといけないということです。むずかしさをたとえると、小学1年生の子どもが「小学校に入学できたから、次は大学受験しようと思います」というくらい、むちゃくちゃなことだったのです。

しかし、アメリカ人はやりとげました。しかも、約束通り10年以内にです。当時のお金で10兆円以上というたいへんなお金をかけて、40万人以上の人が雇《やと》われて働いたそうです。科学文明の時代に入ってからでは、人類史上最大のプロジェクトだったと言えるでしょう。

ところで、これまで月面に何人の人間が立ったでしょうか？　答えは12人で、すべてアポロ計画によるものです。アポロ計画ではじめて人類が月に降《お》りたのは1969年のアポロ11号の時でした。それから1972年のアポロ17号まで、合計6回の月着陸がおこなわれました。なお、このうちアポロ13号は、月に行く途中《とちゅう》で酸素《さんそ》のタンクが爆発《ばくはつ》し、そのままだと宇宙飛行士が全滅《ぜんめつ》するというたいへんなピンチとなりました。しかし、いろいろな工夫《くふう》をして、なんとか地球に帰ってきました。この出来事は、「アポロ13」という映画《えいが》になっています。とてもおもしろい映画なので、ぜひ見てください。

アポロ計画で使われたサターンロケットは現在《げんざい》のロケットを入れても、もっとも巨大《きょだい》なロケットです。国際《こくさい》宇宙ステーションの部品を運んだスペースシャトルの4倍以上も重いものを運べるエンジンを積んでいます。このサターンロケットには3人の宇宙飛行士が乗りました。ロケットは、打ち上げ後、次つぎに使いおわったロケットを切りはなしていき、最後は、着陸船と司令船が残ります。着陸船は月に着陸するためのロケットで、司令船は月へ行き、そして地球へもどって来るためのロケットです。

月に行くまでの約4日間は、司令船と着陸船はくっついた状態《じょうたい》で飛んでいます。そしていよいよ月に着くと、宇宙飛行士3人のうち2人が司令船から着陸船に移《うつ》ります。月に降りるのは、この着陸船だけです。なぜかというと、月に着陸したロケットは、また月から打ち上げをしなければなりません。もし、ロケットが1台しかないと、地球に帰るためのたくさんの燃料《ねんりょう》を持ったままで、月に着陸し、月から再打《さいう》ち上《あ》げしなくてはなりません。

燃料で重くなると、月への着陸にも月からの再打ち上げにも、さらに燃料がたくさん必要となります。そこで、地球に帰るためのロケットである司令船は、月に降りないで月のまわりを回っていてもらい、月には、月と月周回軌道《きどう》を往復《おうふく》するだけの軽い着陸船で降りることになりました。

3人のうち1人は、月の近くまでいきながら、月に降りることはできません。ちょっとかわいそうな気もします。

アポロ計画では、合計382kgもの岩石を持ち帰りました。ちなみに、ソ連（いまのロシア）がおこなった無人探査機《たんさき》ルナも、合計で321gの岩石を持ち帰りました。これまで、想像《そうぞう》するしかなかった月の岩石が実際《じっさい》に手に入ったことで、月の秘密《ひみつ》が一気に解《と》かれはじめました。アポロ計画で何がわかったかを見ていきましょう。

アポロ計画でわかったこと

アポロ計画でわかった一番大きなことは、表面がどんな岩石でできているかがわかったことでしょう。アポロ計画の前は、多くの科学者は、月の岩石は、コンドライトという名前の隕石と同じような、太陽系の最初にあったチリが降《ふ》りつもったようなものだと考えていました。しかし、地表にあった岩石は、マグマが固まってできた岩石でした。しかも、月の地殻《ちかく》は斜長岩という特殊《とくしゅ》な岩石でできていることがわかりました。

斜長岩はほとんどが斜長石という白い鉱物《こうぶつ》でできた岩石で、地球ではとてもめずらしい岩石です。この白い斜長石という鉱物でどうやったら厚《あつ》い地殻をつくることができるんだろうと、科学者は考えに考えました。そして、「マグマの海仮説《かせつ》」という月のでき方のアイデアが生まれました。

マグマの海仮説

「マグマの海仮説」というのは、月ができたての時に、深さ数百㎞にもなるマグマの海ができていたとする説です。なぜ、斜長岩があると、マグマの海仮説ができるのでしょうか。まずは、マグマというものについて、もう少しくわしくお話ししましょう。

マグマとは、岩石が高温でドロドロに溶《と》けたものです。その辺に落ちている岩石を温めると、だいたい１０００℃あたりで溶けてきます。ちなみに、マグマと似《に》た言葉に「溶《よう》岩《がん》」という言葉があります。「溶岩」も「マグマ」と同じ、高温でとけた岩石ですが、地下にある時は、「マグマ」と呼ばれ、地表に流れ出したものは、「溶岩」と呼ばれます。また、ややこしいことに、ドロドロの溶岩が冷えて固まった岩石も、やはり「溶岩」と呼びます。

月の表面が昔は溶けてドロドロだったといいましたが、この場合は、そのドロドロの液《えき》が地表にあるにもかかわらず、「溶岩」とは呼ばずに、「マグマの海」と呼びます。ややこしいですが、「マグマの海」という呼び方の方がかっこいいので、よしとしましょう。

マグマが固まる様子と、水が凍《こお》る様子は、似ていますが、少しちがいます。水は冷やすとそのまま固まって氷になりますが、マグマはいろいろなものが混《ま》ざり合っているので、マグマを冷やすと、マグマとは成分の異《こと》なるものが出てきます。たとえば、月のマグマを冷やしていくと、最初は緑色のかんらん石という鉱物が出てきて、次に緑色や褐色《かっしょく》の輝《き》石《せき》という鉱物が出てきて、最後の方で白い斜長石が出てくると考えられています（**図2－1、口絵参照**）。

最初のマグマがどんな成分だったかは想像するしかありません。しかし、地球の地殻をつくっている成分や、太陽系の最初のチリが集まってできた隕石の成分と、そんなにはちがわないのではないかと多くの科学者は考えています。

どちらの成分に近かったとしても、マグマの中の斜長石となる成分は、半分もありません。斜長石を集めて月の地殻をつくろうと思ったら、その何倍ものマグマが必要なのです。このことから、月はできたての時はマグマの海におおわれていたというアイデアが生まれました。

年代測定《そくてい》

アポロ計画ではたくさんの岩石を地球に持ち帰ることができました。持って帰ってよかったことは、月の岩石がマグマから固まった時代がわかったことです。

アポロ計画以前にも、月のどこが新しくできた地面で、どこが古くからある地面かは、わかっていました。それは、古い地面ほどクレーターが多くなることから、クレーターの数を数えてくらべることで決めていました。ためしてみたい人は、ミニ実験コーナー（その9）「クレーターで月面の古さを調べてみよう」をやってみてください。そうやって、月の地面が地域《ちいき》ごとにどういう順番でできたかはわかっていたのですが、そこに何億年前という数字がついたのは、アポロ計画で持ち帰った岩石のおかげです。

ミニ実験コーナー（その9）「クレーターで月面の古さを調べてみよう」

準備するもの

トレーシングペーパー（すきとおった紙）　1枚

えんぴつ

このページの写真

図M－9の写真は、アポロの司令船が撮影《さつえい》した月面の写真です。写真には、古い月面と

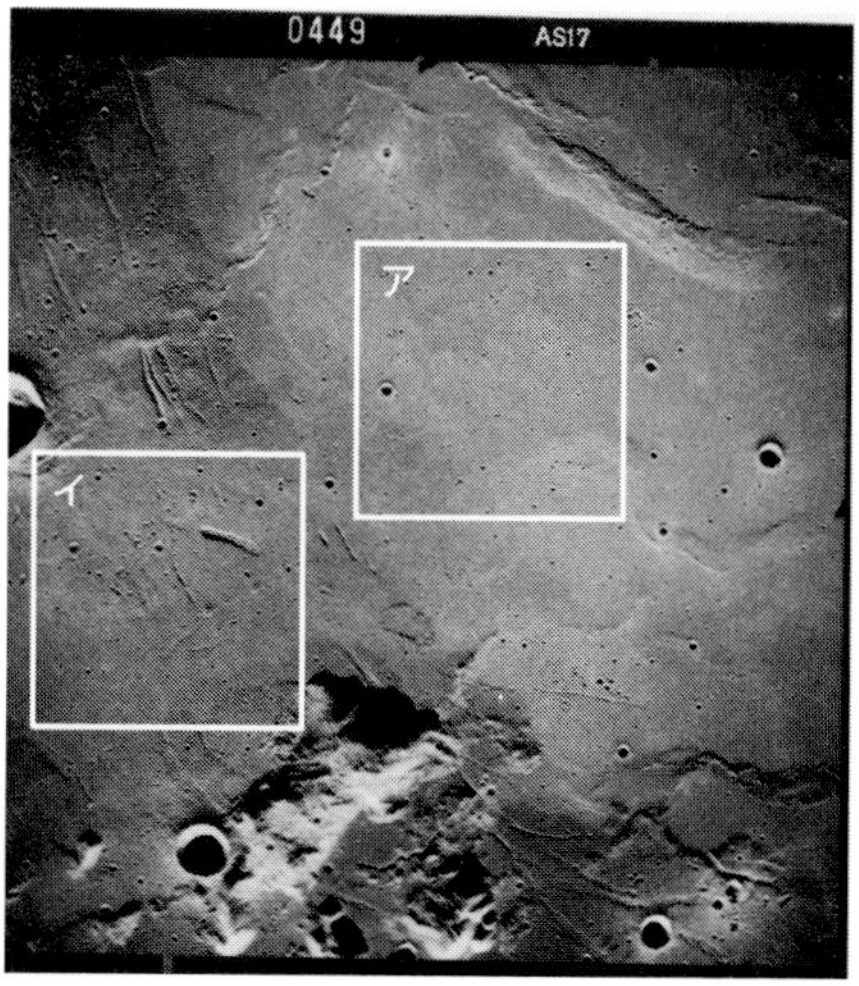

図M－9　アポロの航空写真 17-449
(晴れの海の一部) 縦約 170km (NASA)

イ　**ア**

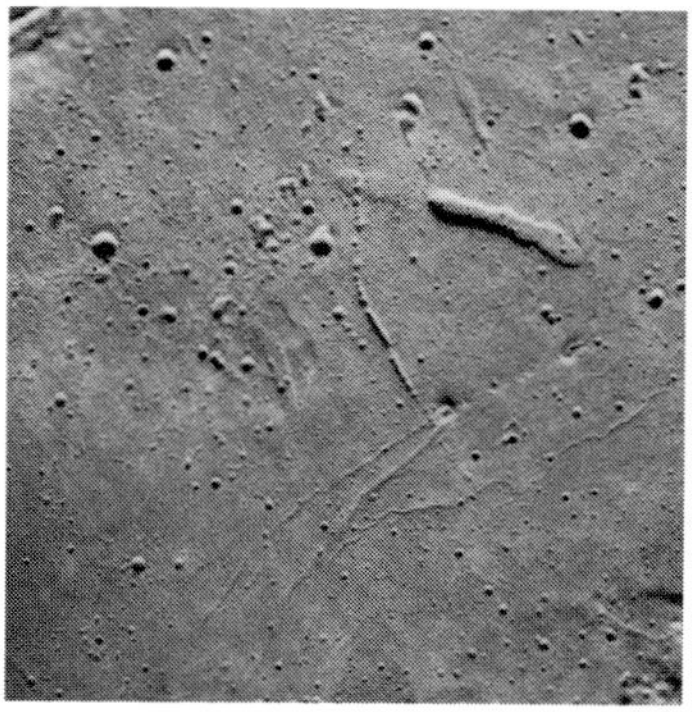
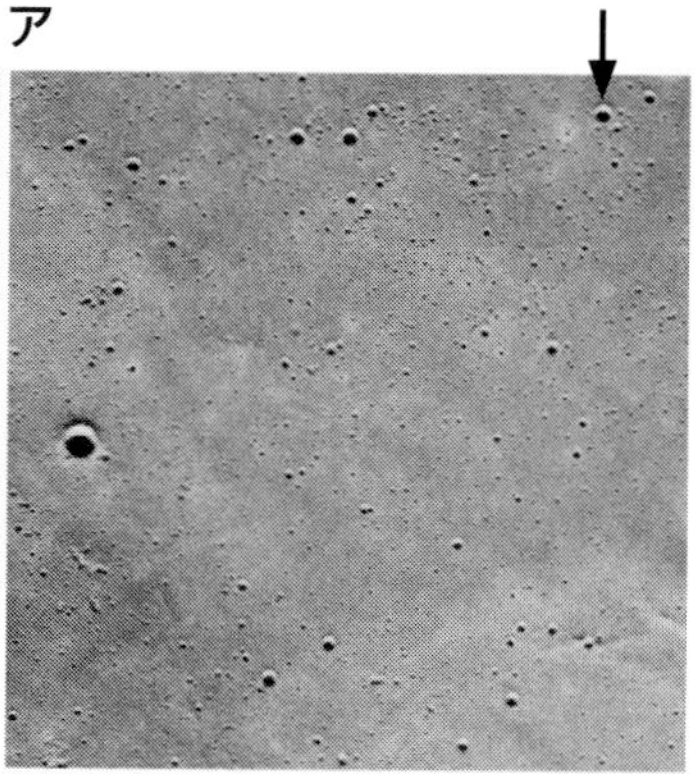

四角で囲った部分の拡大図
写真アの右上の矢印でしめしたクレーターより大きなクレーターの数を、左と右でくらべてみよう。どちらが多いかな？

新しい月面の両方が写っています。それぞれの地域に同じ面積の四角をかいてありますので、その中のクレーターの数を数えてみましょう。

小さいクレーターを数えていてはきりがないので、写真アの右上の矢印でしめしたクレーターよりも大きなものだけを数えてください。トレーシングペーパーにこの丸をうつしておいて、写真に重ねると、数えるべきクレーターを見つけやすくなりますよ。

四角（ア）の地域と、四角（イ）の地域とどちらが古いかわかりましたか？　クレーターの数が多い方が、古い地面です。

隕石《いんせき》はいつどこに落ちてくるかわかりませんが、長い年月の間には、月面のあちこちに、まんべんなく落ちてきているはずです。ということは、昔からある月面にはたくさんクレーターができていて、新しく溶岩が埋《う》め立《た》ててできた月面には、それほどクレーターはできていないはずです。

クレーターの数を数えて調べた月面の時代を、「クレーター年代」といいます。

小さな隕石ほどたくさん落ちてくるので、実際は、クレーターを数える時も、大きさごとに細かくわけて数えます。しかし、この実験のようなおおざっぱな数え方でも、おおよそのことはわかります。

正解は、四角（ア）がエラトステネス代（32億年から11億年前）の新しい月面、四角（イ）がインブリウム代（38・5億年から32億年前）の古い月面でした。月面は宇宙風化でだんだん黒ずんでいるという話も本文でしましたね。古い月面の方が黒ずんでいるかも、確認しておいてください。

岩石を調べると、なぜ固まった時代がわかるのでしょうか？　地球の岩石にも月の岩石にも、わずかに放射性物質《ほうしゃせいぶっしつ》が入っています。放射性物質というのは、ごくたまに別の物質に変身して、その時に放射線《ほうしゃせん》を出す物質です。岩石が固まる時には、岩石をつくる鉱物の種類によって、決まった割合《わりあい》の放射性物質が鉱物にとりこまれます。その後、放射性物質はだんだんと別の物質へ変身していきます。岩石の中の鉱物をくわしく調べて、まだ変身していない放射性物質がどのくらいあって、変身した物質がどのくらいあるかを調べると、その岩石が固まってから何億年くらいたったかがわかるのです。

クレーターの数で地面のできた順番はわかっていました。そこに、岩石の放射性物質を調べてわかった、時代の数字を入れることで、岩石をまだ持ち帰っていない地域のできた年代も、だいたいわかるようになりました。

リモートセンシングとはなにか

アポロ計画で人類は巨大なロケットをつくりました。アポロ計画のサターンロケットを超《こ》える巨大なロケットはまだつくられていません。しかし、アポロの時代の人から見たら、現代《げんだい》の私《わたし》たちは未来人なので、たくさんのびっくり技術《ぎじゅつ》を持っています。たとえば、電子部品やコンピューターの技術です。新しい技術を使ったアポロ以後の探査《たんさ》を見ていきましょう。

アポロ月着陸のテレビ中継《ちゅうけい》には、映像《えいぞう》を電気信号に変える、今のビデオカメラと似たものが使われていました。みなさんも、テレビ番組の懐《なつ》かし映像で、アポロ宇宙飛行士が月に着陸した時のライブ映像の記録を見たことがあるかもしれません。かなりボケた、はっきりしない画像《がぞう》であったでしょう。アポロ時代には、科学的な研究に使うはっきりとした画像は、写真フィルムを使って撮影《さつえい》するしかありませんでした。

当時、よその国の様子を宇宙から撮影するスパイ衛星も、写真フィルムを使って撮影をしていました。なんと、そのフィルムをカプセルに入れて大気圏突入《たいきけんとつにゅう》させていたということです。衛星画像を撮《と》るのも、大変な時代だったようです。

そして、現代、みなさんのご家庭では、フィルムを使ったカメラを使っているところは、ずいぶんと少なくなっているかと思います。一部の写真好きな若者《わかもの》の間では、フィルムを使った使《つか》い捨《す》てカメラや、写真がすぐに現《あらわ》れるインスタントカメラが、はやっているようです。しかし、家にひとつカメラを買うとしたらデジタルカメラという時代になっているのではないでしょうか。もしかしたら、携帯《けいたい》電話やスマートフォンできれいな写真が撮れるようになったから、カメラもいらないという人もいるかもしれません。

映像が簡単に撮影できるようになったのは、映像を電気信号に変える電子部品と、その電気信号を整理したり保存《ほぞん》したりする小さなコンピューターの技術が発達したおかげです。この技術によって、「リモートセンシング」という方法が使えるようになりました。

「リモート」というのは、「遠くからの」という意味で、テレビの「リモコン」の「リモ」の部分と同じです。テレビの「リモコン」は「リモートコントロール」の略《りゃく》で、「遠くからコントロール（操作《そうさ》）する」という意味です。では、「センシング」とはどういう意味かというと、「感じる」という意味です。人間が、目、耳、舌《した》、鼻、皮膚《ひふ》を通して感じる五つの感覚「視覚《しかく》、聴覚《ちょうかく》、味覚、嗅覚《きゅうかく》、触覚《しょっかく》」を五感と呼びますが、これらはすべて「センシング」の一種です。つまり、「リモートセンシング」とは、「遠くのものを感じる」という意味で、はなれたところにある物を、カメラでもレーダーでもマイクでもなんでもいいので感じることができれば、それはすべて「リモートセンシング」ということになります。

人間の目、耳、舌、鼻、皮膚の代わりに、探査機にはセンサーという装置《そうち》が取り付けられていますが、このセンサーをつくる電子部品がすばらしく進化しました。また、そのセンサーを動かしたり、センサーから出てくるデータを整理するコンピューターもすばらしく進化しました。

月リモートセンシングで何がわかったか

では、リモートセンシングで何がわかったかを説明しましょう。

アポロの時代にも、当時の技術でリモートセンシングをがんばってやっていましたが、現代のすばらしい技術によるリモートセンシングができるようになったのは、１９９０年代になってからのことです。月のリモートセンシングの時代を開いたのは、アメリカの月探査衛星クレメンタイン衛星とルナ・プロスペクタ衛星でした。
クレメンタイン衛星には、人間の目よりもすぐれたカメラがついていました。人間には見えない赤外線という光を見るカメラがついていたのです。テレビのリモコンからは実はこの赤外線が発射《はっしゃ》されていますが、人間の目では感じないので、見ることはできません。
人間の目に見えない光が見えるとはどういうことでしょうか？ それがわかるミニ実験コーナー（その10）「赤外線をみてみよう」を用意しましたので、やってみてください。

ミニ実験コーナー（その10）「赤外線を見てみよう」

準備《じゅんび》するもの
テレビのリモコン　一つ
ビデオカメラかデジカメ　一台

月探査機《たんさき》「かぐや」は人間の目には見えない近赤外光《きんせきがいこう》という赤外線の一種が見えています。人間の目に見えない光も見えるので、月の上の岩石が何かが、人間の目よりもよくわかるのです。

図M－10　デジカメで写すと、テレビのリモコンの赤外線の光が見えます。

このすごい機械の目は、みなさんの家にもあります。ビデオカメラやデジカメの目も、実は近赤外光が見えるのです。

そして、近赤外光を出す機械もあります。それは、テレビのリモコンです（ビデオや、エアコンなど他のリモコンもたいてい同じです）。みなさんがリモコンのボタンを押すと、その先から近赤外光が出ています。その光の点滅をテレビの機械の目が読み取って、点滅《てんめつ》のしかたによってチャンネルを変えたり、音量を変えたりしているのです。

実験は、簡単《かんたん》です。リモコンをビデオカメラやデジカメの前に向けて、リモコンのボタンを押してみてください。ビデオカメラやデジカメのモニターには、リモコンの先が光っているのが写っているはずです。

ちなみに、私は、リモコンの電池があるかどうかをチェックするときに、この方法で、リモコンの先が光っているかどうかを見ています。

クレメンタイン衛星には、月の表面の岩石の種類を細かく見分けることができるように、人間の目には見えない色も見分けるカメラがついていました。さらに、クレメンタイン衛星は、月をぐるぐるまわりながら、月の表面の画像をたくさん撮って地球に電波で送りました。また、ルナ・プロスペクタ衛星は、ガンマ線という、これまた人間には見ることのできない光の一種を見ることができました。これらの衛星は、人間の目よりもすぐれた能《のう》力《りょく》をもつ機械の目で、月のどこにどんな岩石があるかを調べました。

これらの衛星のリモートセンシングでわかったことは、アポロの着陸地点は、月の表面のできかたを調べるという目的のためにはあまりふさわしくない、かなりかたよった場所を選んでしまったということです。わかりやすく地球の例で言えば、「宇宙人《うちゅうじん》が地球の調査《ちょうさ》をするときに、北極や南極ばかりに着陸して、地球はえらく寒い星だと思った」というような感じです。

どのようにかたよっていたかというと、アポロが行ったところは、月の表側で、かつ溶岩が流れたところがほとんどでした。これは、しかたのないことでした。

人間を月に降ろすというのは、大冒険《だいぼうけん》です。宇宙飛行士の命がかかっているので、絶対《ぜったい》に事故《じこ》があってはいけません。そのためには、まず、月の表側である必要がありました。月の表側はいつも地球の方向を向いているので、電波による通信が直接《ちょくせつ》できます。これが裏側《うらがわ》だと、月をまわる衛星に中継させないといけないので、たくさんの月をまわる人工衛星を同時に飛ばしでもしない限《かぎ》り、通信できない時間がどうしてもできてしまいます。

そして、もう一つ大切なことは、着陸地点が平地であることです。月の高地地域は２０００m～３０００m級の山々が連なる山岳《さんがく》地帯です。そのようなところで安全に着陸できる場所を探《さが》すのは大変です。しかし、溶岩流《ようがんりゅう》が埋《う》め立《た》てた海地域であれば、だいぶん着陸が楽になります。海のもともとの地形が、液体《えきたい》の溶岩流が固まった地形なので平らであるし、高地地域よりも後でできた地面なので、隕石衝突によるクレーターも、高地よりはずっと少なくなります。そんなわけで、アポロの着陸地点は、表側の海地域にかたよっているのです（アポロ16号の着陸地点だけは、ギリギリ高地の領域《りょういき》に入っています）。

リモートセンシングでわかったことを、ひきつづき見ていきましょう。

まず、びっくりしたのは、月が表側と裏側で、地殻のでき方が大きくちがっているらしきことがわかったことです。アポロ時代にも、表の方が裏よりも海が多いということはわかっていました。それだけであれば、ただの偶然《ぐうぜん》かもしれなかったのですが、リモートセンシングによって、地下の深いところまで様子がちがうことがわかりました。

月の裏側に南極エイトケン盆地《ぼんち》という巨大な衝突クレーターの跡があります。そこは、巨大なクレーターができたけれども、表の海とちがって、その後溶岩が埋めなかったというところです。そこの成分が、表側を掘《ほ》ったらあると思っていたものとはちがっていました。それで、表と裏では、どうやら深いところまでちがいがあるらしいということがわかってきたのです。

もう一つのびっくりした発見は、大量の水があるかもしれないという観測《かんそく》データがでてきたことです。月の北極や南極には、太陽の光が差《さ》し込《こ》まない永久影《えいきゅうかげ》の場所があります。この場所を、電波の反射《はんしゃ》や、中性子線という放射線の一種をつかって調べたところ、水によく似た物質があるらしいというデータがでてきました。しかし、そのデータは、本物の水ではない場合でもでてくるかもしれないものなので、それを確《たし》かめる必要があります。これから10年くらいの間に、いろいろな国が探査機を月の南極や北極に降ろすことになるでしょう。

「かぐや」の成果

「かぐや」との出会い

みなさんは日本が打ち上げた月探査機「かぐや」を知っていますか？　「かぐや」は2007年に鹿児島県種子島《かごしまけんたねがしま》からH《エイチ》－ⅡA《ツーエイ》ロケットで打ち上げられました。「かぐや」はアポロ計画が終わった後で、それまで打ち上げられた月探査機の中では、世界で一番大きな無人探査機で、たくさんの観測機器をつんでいました。

「かぐや」計画がはじまったばかりのころの1996年、私は、フランス留学《りゅうがく》から帰国して、就職先《しゅうしょくさき》を探しているところでした。そして秋田に人工衛星からの画像を研究するグループができるということで、運良く秋田大学に就職することができました。

もともと隕石の研究をしていたので、フランスに留学する前、私は「はやぶさ」計画のグループにいました。しかし、フランスに行っている間に「はやぶさ」計画でいく小惑星がイトカワに決まりました。さらに、地球の天文台からの天体観測で、イトカワはうまれてから一度もマグマが発生していない冷たい小惑星であるらしいことがわかってきました。

冷たい小惑星であることは、太陽系のはじまりを研究している科学者にとっては、とてもよいことです。なぜなら、太陽系のはじまりにあった物質が、冷蔵庫《れいぞうこ》に入れているのとおなじように、ほとんど変化しないで現在も残っているはずだからです。もし、マグマが発生するほど熱くなったことがあれば、太陽系のはじまりの物質は、煮《に》たり焼かれたりして、その姿《すがた》を大きく変えてしまっていることでしょう。

しかし、私は、マグマからいろいろな鉱物ができて、天体の内部がだんだんとつくられていくことに、一番興味《きょうみ》がありました。そして、何よりも、マグマや、マグマが飛び出してくる火山が大好きなのです。イトカワは私にとっては、ちょっとときめかない天体だったのでした。

そこで、帰国したあとは、「はやぶさ」のチームにもどらずに、そのころ活動をはじめていた「かぐや」のチームに入りました。月はまちがいなく大量のマグマにおおわれていたことがある天体なので、研究を楽しくやれそうです。私は、「かぐや」に関係するたくさんのチームの中のひとつで、月面の地形や月面にある岩石の種類を調べるための3種類のカメラをつくるチームに入れてもらいました。

ちょうどそのころ、地形・地質カメラチームではカメラの性能《せいのう》を決めて、カメラを製作《せいさく》するメーカーの方々と、作り方や、できたカメラのテスト方法を相談している最中でした。カメラの開発はたいへんおもしろい体験でした。科学者が使う実験装置は、ふつうはメーカーがすでに作って売っているものを買ってきます。しかし、月探査機のカメラは、それまで世界のどこにもないものです。しかも、メーカーは何を写すのか、どんな性能だったらそれが写るのか、最初はまったくわかりません。そこで、科学者がどんなしくみでどんな性能のカメラをつくったら目的のデータが得られるかを考えます。そして、ものづくりのプロであるメーカーが、それを具体的な形にしていきます。科学者とメーカーの技術者《じゅつしゃ》がたびたび会って相談をしながらカメラをつくっていくのです。忙《いそが》しかったですが、とても楽しい体験でした。

さらに普通《ふつう》の実験装置とちがうところは、メーカーにそのカメラを試験する装置がないということでした。たとえばみなさんが、親戚《しんせき》の小さな子どもにたのまれて、お風呂《ふろ》にうかべるおもちゃの船をつくることになったとしましょう。みなさんは、船ができたら、その小さな子どもにあげる前に、本当に水に浮《う》かぶか、お風呂で試《ため》してみますよね。メーカーがつくるどんな機械も、売る前にきちんと使えることを試してあります。ところが、宇宙で使うカメラは、あまりにも特別なものなので、メーカーにも性能を試す方法がないのです。

カメラチームに入った最初は、メーカーの方に、「性能試験ができないのに、つくることをひきうけるのですか⁉」と大変失礼な質問《しつもん》をしてしまいましたが、宇宙探査の世界ではそれはよくあることだったのです。しかし、テストもせずにロケットにのせるわけにはいきません。そこで、どうするのかというと、科学者とメーカーが協力して、JAXA《ジャクサ》など試験ができる設備《せつび》を持っているところの設備を借りて、試験をおこなうのです。

どのような試験があるのかをざっとあげてみましょう。「宇宙の放射線にたえられるかを試す試験」、「打ち上げのゆれやショックにたえられるかの試験」、「まわりが熱くなったり冷たくなったりしてもちゃんと動くかの試験」、「真空でもちゃんと動くかの試験」、「自分のせいで、他《ほか》の観測機器に変な電気ノイズがあらわれないか、またその逆《ぎゃく》に他の機器の影響《えいきょう》を受けないかの試験」、「いろいろな命令をあたえる順番や組み合わせによって、おかしな動作をしないかの試験」などなど、この他にも観測機器の特徴《とくちょう》にあわせた、いろいろな試験があります。

図2-2は、つくば宇宙センターでおこなった、月の色を正確《せいかく》に測《はか》るためのカメラの試験の様子です。大きな黒い球の中に、決まった明るさの光をつくって、どのようなデータ

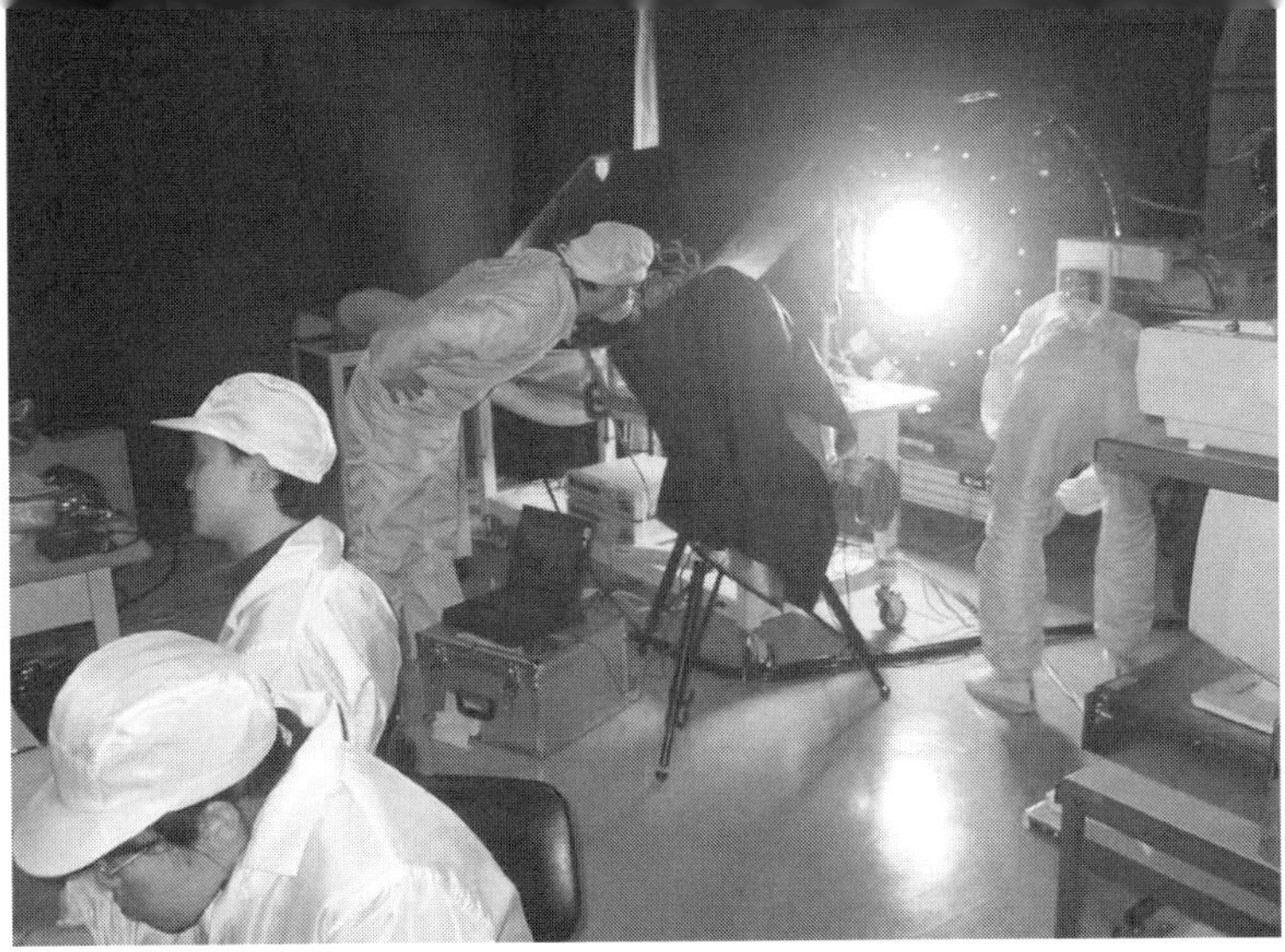

図2－2　つくば宇宙センターでのカメラ試験のようす。

（電気信号）が出てくるかを調べています。いろいろな明るさの光をたくさん撮影しておき、月で撮影した画像と比《くら》べることで、月の本当の色と明るさがわかるのです。
私は、子どもの時は宇宙探査をする科学者というのは、探査機が目的の天体につくまでは、ただぼんやりと待っているだけかと思っていました。しかし、実は、観測機器をつくるという作業はとてつもなく忙しくもたいへんなものだったのです。しかし、たくさんの科学者やメーカーの技術者の方々となんだかんだと相談しながらひとつひとつ問題を解決《かいけつ》していく作業は、とても楽しいものでした。

「かぐや」の打ち上げ

いよいよ打ち上げの日が近づいてきました。「かぐや」は種子島宇宙センターから打ち上げられます。私は、妻《つま》と娘《むすめ》二人（当時、小学校3年生と幼稚園《ようちえん》の年長組）といっしょに打ち上げを見に行くことにしました。もともと、打ち上げは8月の予定だったので、子どもたちの夏休みでちょうどいいと思っていました。ところが、打ち上げ直前になって、「かぐや」の電子部品の中で、まちがった方向に取り付けられたものがあることがわかって、急に打ち上げが1カ月のびることになってしまいました。9月になると学校がはじまってしまいます。私は、娘の担任《たんにん》の先生に手紙を書き、「かぐや」の打ち上げを見に行くことを許《ゆる》していただきました。

ちなみに、家族はもちろんですが、私自身の旅費もＪＡＸＡからは出ません。なぜなら、私たちがつくっていたのは、ロケットではなく、月を観測するカメラです。カメラはロケットの打ち上げの時には動いていないので、地形・地質カメラチームの科学者が、ロケットの打ち上げを見る必要はないからです。

しかし、私もふくめて、多くのチームのなかまが、自分でお金をだして種子島まで来て、「かぐや」の打ち上げを待ちました。いくら、いてもいなくてもいいとはいっても、これまで10年間、一所懸命《いっしょけんめい》つくりあげたものが打ち上がるのです。その成功を自分の目でじかに見たいと思うのはしかたのないことです。なお、テレビで一般《いっぱん》の方への解説《かいせつ》をするなど、仕事があって出張《しゅっちょう》した科学者には、きちんと旅費が出ましたので、そこは誤解《ごかい》のないように書いておきますね。

種子島の整備された公園では、ロケットの打ち上げ実況《じっきょう》中継が放送されているので秒読みも聞こえます。しかし、そういったところからは発射台《はっしゃだい》にあるロケットの全体は直接見えないかもしれません。そこで、私たち家族は、ロケット発射台のある入江《いりえ》の反対側の岸から見ることにしました。見ているところからロケットまでは約３㎞あります。

私たち家族は、現地《げんち》で同じ地形・地質カメラチームのメンバーの一部と合流して、いっしょに打ち上げを見ることにしました。近くには、Ｈ－ⅡＡロケットの固体燃料ロケットブースターをつくった石川島播磨重工業《いしかわじまはりまじゅうこうぎょう》のグループの人たちもいました。

ロケットの写真（**図２－３、口絵参照**）を見てください。上側の二つの円が描《えが》かれたマークが「かぐや」プロジェクトのマークです。二つの球は月と地球をあらわしています。そして、その下にあるのが、Ｈ－ⅡＡをつくり、打ち上げる三菱重工《みつびし》のマークです。これまで打ち上げ業務《ぎょうむ》はＪＡＸＡがやっていたのですが、「かぐや」を打ち上げたＨ－ⅡＡ13号機から、打ち上げ業務を民間企業《きぎょう》がおこなうこととなりました。そのため企業のマークが大きくプリントされているというわけです。新しい時代の幕開《まくあ》けを感じさせるマーキングだと思います。

いよいよ打ち上げです。２００７年9月14日10時31分01秒、打ち上げ予定時刻《じこく》ぴったりに、ロケットの一番下の部分がピカっと光ったと思ったら、じわっと空へ上がりはじめました。そして数秒おくれて、すさまじい轟音《ごうおん》がひびいてきました。Ｈ－ⅡＡのロケットエンジンの音は、雷《かみなり》が途切《とぎ》れなく落ちつづけているようなものすごい音で、体全体がビリビリとふるえました。この音はテレビ中継ではぜったいに味わえません。来てよかったと思いました。ロケットはどんどん高度をあげ、そのうち青空に溶《と》け込《こ》んで見えなくなっていきました。

私たちが見ていたところは実況放送がないので、成功しているのかしていないのか、実際のところはよくわかりませんでした。しかし、爆発もせずに飛んでいったということは、成功したにちがいないはず、と皆《みな》で大よろこびしました。**図2－4**はその時の写真です。私の娘と一緒《いっしょ》によろこんでいるのは、地形・地質カメラチームのメンバーとその家族です。私たちは、打ち上げの轟音にびっくりして少し怖《こわ》かったようですが、「大人《おとな》がこんなにはしゃいでいるのをはじめてみた」と言って笑っていました。

ところで、なぜ打ち上げの瞬間《しゅんかん》の私たちの映像があるのでしょうか？　それは、私がビデオカメラを2台持っていって、1台はロケットを、1台は自分たちを撮影したからで

図2－4　「かぐや」の打ち上げを見る地形・地質カメラチームのメンバーとその家族。

す。みなさんもロケット打ち上げを見に行くことが今後あるかと思いますが、ロケットよりも自分たちを撮影しておくことをおすすめします。ロケットの映像はみんなが撮影しているので、あとでインターネットなどでも見られますが、その時の自分たちのようすは自分のビデオカメラでないと撮影できませんからね。

「かぐや」は打ち上げから約1カ月後に月の上空約１００kmの高さを回る軌道《きどう》に入りました。そして、それから２００９年６月11日までの1年半にわたって観測を続けました。

ところで、「かぐや」という名前は、一般のみなさんから募集《ぼしゅう》して決められました。ふつう、人工衛星や宇宙探査機の名前は、打ち上げまでは英語のコードネームで呼ばれます。そして、無事打ち上げられると、正式に誕生日《たんじょうび》を迎《むか》えたということで、日本語の名前がつけられます。たとえば、「はやぶさ」のコードネームはＭｕｓｅｓ－Ｃ（ミューゼス・シー）でしたし、「かぐや」のコードネームはＳＥＬＥＮＥ（セレーネ）でした。

ただ、「かぐや」の場合はいつもとちがって、打ち上げよりもずいぶん前から『かぐや』と呼ぶように」という連絡《れんらく》が回ってきました。打ち上げ前から国民に親しんでもらうためだったのだろうと思います。おもしろいことに、月を回る軌道上で「かぐや」から分離《ぶんり》して、「かぐや」の手助けをする小さな二つの人工衛星にも「おうな」と「おきな」という名前がつきました。竹取物語の「おうな（おばあさん）」と「おきな（おじいさん）」は地球で「かぐや姫《ひめ》」を見送りましたが、現代の「おうな」「おきな」は月までついていってしまったのです。

では、「かぐや」の活躍《かつやく》であたらしくどんなことがわかってきたかを説明しましょう。

斜長石《しゃちょうせき》ほぼ100％の斜長岩

月の表面が斜長岩におおわれていることは、すでにお話ししました。しかし、「かぐや」のカメラで月の岩石の色をくわしく調べたところ、ほとんど１００％斜長石でできた、斜長岩という岩石があちこちにあることがわかりました。これには、世界中の月科学者がおどろきました。マグマの海から斜長石が浮《う》き上《あ》がって、月の表面をつくったというお話はしましたね。だとしたら、月の表面がほとんど斜長石でできても不思議はなさそうです。確かに、そのとおりなのですが、不思議なのはほとんど１００％というところです。

例えば、カレーライスを想像してみてください。ただし、ちょっといつものカレーとはちがって、カレーうどんの汁《しる》のような水分の多いカレールーが、鍋《なべ》に入っていると想像してください。そこに、ご飯粒《はんつぶ》を入れてかき混ぜます。カレールーがマグマ、ご飯粒が斜長石のつもりです。

では、「この鍋から、おはしやスプーンをつかって、ほとんど１００％ご飯だけ取り出してください」と言われたら、どうでしょう？　なかなかむずかしいのではないでしょうか？　どうしたって、カレールーがご飯粒のまわりにくっついてきます。

同じように、斜長石がマグマの海から浮かび上がる時にも、ふつうであれば、多少はマグマをまわりにくっつけたまま浮かんでくるはずなのです。そして、そのくっついたマグマのほとんどは斜長石ではない別の鉱物としてかたまるはずです。ほとんど１００％斜長石でできた地殻をつくるというのは、たいへんなことなのです。

この謎はまだとけていません。カレーライスのたとえで言えば、単にご飯粒が浮かび上がるだけでなく、ご飯粒の集まりから、カレールーをしぼり取るような、何かがあったということでしょう。その何かを、科学者たちは今も考えつづけています。

表と裏のややこしい関係

月の表と裏では、できかたがちがうらしいということが、だんだんとわかってきたという話はもうしましたね。「かぐや」では、さらに表面をつくっている斜長岩も、表と裏ではびみょうに成分がちがうらしいということがわかりました。斜長岩の中の斜長石の部分のちがいはリモートセンシングだけではよくわかりません。そのかわり、斜長石以外の鉱物の成分のわずかなちがいが、色の変化でわかったのです。ちょうど、先ほどのカレーライスの例でいうと、ご飯のまわりにほんの少しだけついたカレールーの成分のちがいが見えたということです。

そのちがいの理由を考えたところ、もしかしたら、裏の高地はマグマの海から最初に浮き上がってきた斜長岩でできていて、残ったマグマが表側に流れてきて、そこから表の高地の斜長岩が浮かび上がってきたのではないか、というアイデアがでてきています。

なかなかややこしい話ですが、カレーライスにたとえて説明すると、裏側はまだ煮込《にこ》みのたりないカレールーからご飯粒が浮かび上がってきて、表側は、煮込まれておいしくなったカレールーからご飯粒が浮かび上がってきた、というアイデアです（本当にカレーを作るときには、カレールーとご飯をいっしょに煮たらだめですよ）。

どんなマグマから斜長岩が浮かび上がったのか、本当のところは、裏側に着陸して、その岩石をくわしく調べてみなくてはわかりません。しかし、「かぐや」の探査によって、次の探査では、どんな観測装置をつくって、どこに着陸すればよいか、良い作戦がたてられるようになりました。

縦孔構造《たてあなこうぞう》

月に直径100mほどもある大きな孔《あな》が開いていることもわかりました。これは、「かぐや」が初めて発見したものです。この孔は、深さも100mほどあり、おもしろいことに、中が広い空間になっているように見えます（**図2-5**）。もしかすると、この地下には、溶岩トンネルがあるのではないかと考えられています。

溶岩トンネルのできかたはこうです。溶岩が水アメのように流れる時に、冷えやすい側面や上の部分が固まって、だんだんとトンネルのような壁《かべ》ができます。そして、その後で、溶岩の噴《ふ》き出《だ》す量がだんだんと減《へ》ると、周りの壁の部分だけが残って、天然のトンネルが

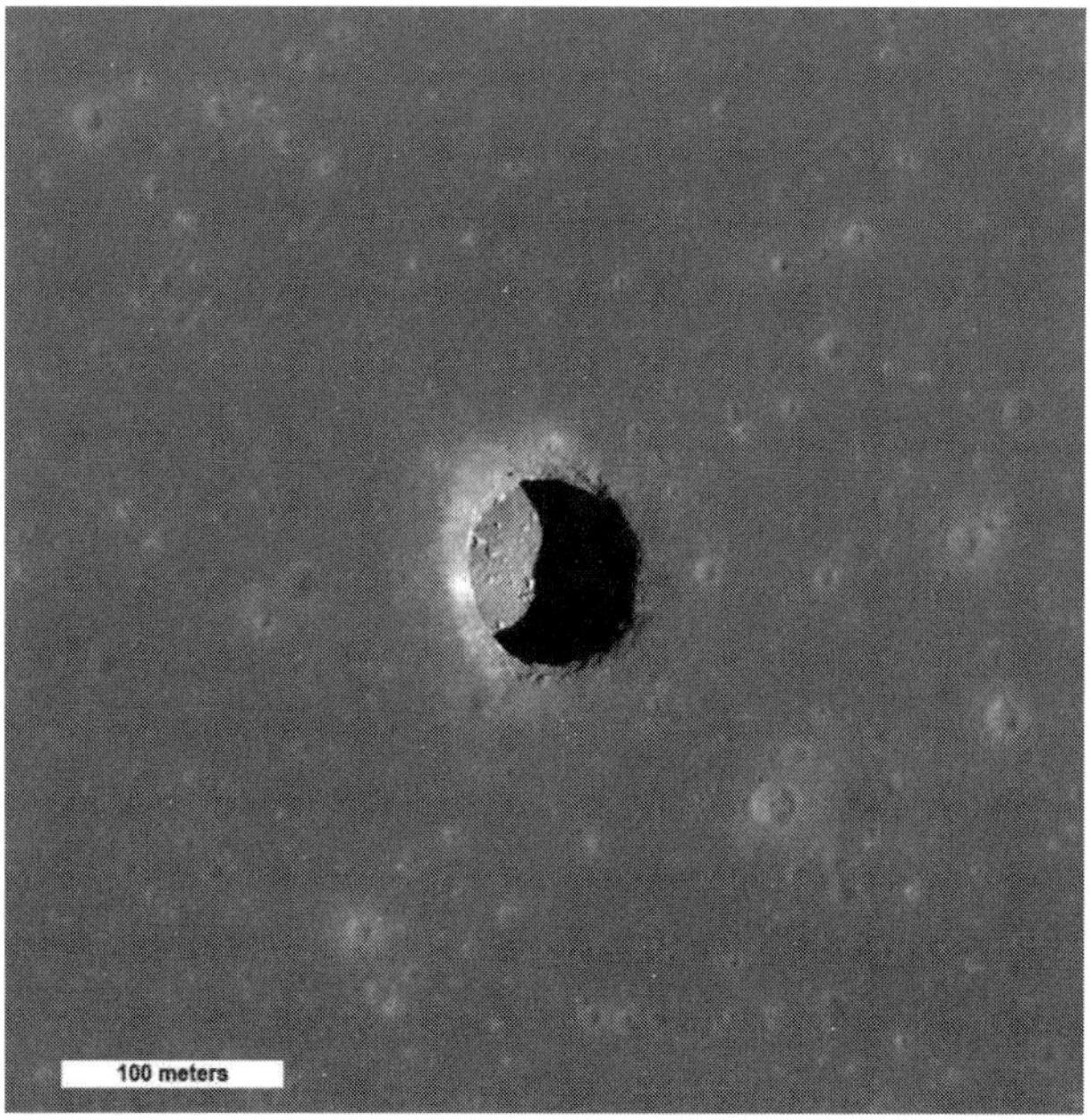

図2－5　静かの海の縦孔（NASA／GSFC／Arizona State University）。

できます。このようにして、大昔にできたトンネルが月の地下に埋《う》まっているのかもしれません。富士山《ふじさん》のふもとのあちこちにある風穴《ふうけつ》も、同じようにしてできた溶岩トンネルです。そして、ある時、隕石が落ちてきて、トンネルの天井《てんじょう》をうちぬいたのが、この縦孔なのかもしれません。

もし、本当に溶岩トンネルがあったら、月の基地《きち》をつくるのが、ずいぶんと簡単になります。なぜかというと、月には、宇宙の強い放射線が降りそそいでいます。地球はまわりに空気がたくさんあるので、放射線は空気で弱められます。しかし、月には空気がないので、強い放射線がそのまま降りそそぎ、人間の健康を害してしまいます。そのため、月に基地をつくる時には、基地の壁を数m以上の厚さにして、放射線を弱めるようにしなくてはなりません。

しかし、もし、溶岩トンネルがあったら、どうでしょう？　溶岩トンネルの屋根は、20m以上の厚さがあるので、トンネルの中に基地をつくれば、放射線を防《ふせ》ぐための厚い壁をわざわざつくらなくてもよくなります。また、トンネルの中は、温度の変化が少ないので、基地の温度の調整がやりやすい、という良いこともあります。

「かぐや」の最後

「かぐや」は役目がおわったあと、どうなったでしょうか。「かぐや」には一般の方から募集した応援《おうえん》メッセージを印刷したパネルがつけられていました。それがどうなったか気になっている人もいることでしょう。

「かぐや」は現在、月面にあります。ふわっと着陸したのではなく秒速1・7㎞ほどの速度で激突《げきとつ》しました。これは自然に落ちたのではなく、わざと月面に落下させたのです。なぜそんなことをするかというと、一つには、安全のためです。「かぐや」の飛ぶ高さを一定にしたり、変えたりするためにはロケット燃料がいります。それが完全になくなってしまうと、「かぐや」の軌道（通るコース）を変えることができなくなります。あとで、別の月探査機が月を回ろうとした時に、「かぐや」と衝突する危険《きけん》があるとこまるので、「かぐや」の軌道を変える燃料が残っているうちにわざと落とすのです。

もう一つの理由は、「かぐや」に最後の一仕事をさせようという計画があったためでした。それは、「かぐや」が落下した時にまきあげる土砂《どしゃ》を、地球の天体望遠鏡から観察しようという計画です。もしかしたら、落下地点に何があるかがわかるかもしれません。そのためには、地球から天体望遠鏡で観察できる表側をねらって落とす必要がありました。

落下させる夜、私は大阪《おおさか》大学の屋上で、学生たちといっしょにいました。「かぐや」の落下地点を観測しようとしていたのです。落下時刻がわかるように、JAXA《ジャクサ》の「かぐや」管制室《かんせいしつ》から情報《じょうほう》をもらいながら、今か今かと見守っていました。しかし、残念なことに、だんだんと雲がでてきて、月が見えなくなってしまいました。雲にかくれてしまってはどうすることもできません。

「かぐや」は予定どおり、2009年6月11日の午前5時30分、月面に落下しました。私と学生は、「かぐや」の落下時刻にあわせて、「かぐや」への感謝《かんしゃ》の気持ちと「お疲《つか》れ様《さま》でした」という気持ちをこめて、お祈《いの》りをささげました（**図2-6**）。

大阪以外の場所で、観測できたところはあったでしょうか。いくつかの天文台では、雲にじゃまされずに観測できたようです。しかし、日本では、衝突《しょうとつ》した光の観測に成功し

図2－6　「かぐや」落下時の私たち（大阪大学の屋上にて）。

たところはありませんでした。一方、オーストラリアのアングロ－オーストラリアン天文台とインドのアブ山天文台からは、「かぐや」の閃光《せんこう》が見えたという報告《ほうこく》がありました。ただ、残念なことに、落下場所の物質がわかるようなデータは得られませんでした。

みなさんのメッセージを書いたプレートはどうなったでしょうか？　おそらく、墜落《ついらく》の衝撃《しょうげき》でちぎれたり曲がったりはしたでしょう。しかし、破片《はへん》を探してジグソーパズルのように組み立てれば、多くのメッセージは読めるのではないかと思います。「かぐや」の落下地点は、将来《しょうらい》月旅行ができる時代になった時には、立派《りっぱ》な観光地になっていることでしょう。「かぐや」にのせられたメッセージは41万件《けん》もあったそうですが、大きな画像にひきのばされて、「かぐや」資料館《しりょうかん》で、観光客が読めるように展示《てんじ》されることになると思います。

第3章　これからの月探査《たんさ》

月の裏《うら》と表のちがい

月の最大の謎《なぞ》は、裏と表のちがいがどうしてできたかです。地球を向いた表側は、海がおおく、地殻《ちかく》がうすいのですが、裏側《うらがわ》は、海が少なく、地殻は厚《あつ》くなっています。また、「かぐや」のリモートセンシングで、表と裏の地殻では、成分が少しちがっているらしいこともわかってきました。

月の地殻がマグマの海からできたとすれば、表も裏も、同じような地殻に成長しそうです。それなのに、なんでちがいができたのか、今も科学者は頭をひねって考えています。

この謎を解《と》くためには、ぜひとも裏側に着陸して、裏側の岩石を直接《ちょくせつ》調べたり、地球に持って帰って調べることが必要です。人類はまだ裏側の石を持っていないからです。もしかすると、隕石《いんせき》の中に月の裏側から来たものがまざっているかもしれません。月隕石は毎年ぞくぞくと拾われて、国際《こくさい》隕石学会に報告《ほうこく》されています。2016年7月に国際隕石学会のデータベースで調べたところ、260個《こ》の月隕石が登録されていました。この月隕石は、月に別の隕石が衝突《しょうとつ》した時に宇宙《うちゅう》へはじきだされた月の石です。ちなみに火星から来た隕石も174個あります。

これだけの月隕石があれば、その中の何十個かは裏から来たはずです。しかし、どれが月の裏から来たのかがはっきりしないので、岩石の成分などに差があっても、表と裏の差なのか、表どうしの場所による差なのかがわかりません。やはり、裏に着陸するしかないのです。

日本の科学者も、もちろん裏に着陸する探査《たんさ》を考えています。しかし、まだ計画はスタートしていません。日本は、重力のある天体に着陸した経験《けいけん》がないので、最初にする探査は、表側への着陸となるでしょう。裏側は、地球から直接電波が届《とど》かないので、探査としては表よりむずかしいのです。

世界で最初に裏側を探査するのは、中国になりそうです。中国は2018年に嫦娥《じょうが》4号という無人の月探査機を、月の裏側の南極のあたりにある巨大《きょだい》な盆地《ぼんち》「南極エイトケン盆地」に着陸させる計画です。南極エイトケン盆地はただ裏にあるというだけでなく、昔の巨大衝突によって、月面が深く掘《ほ》られているので、月の地殻の深いところがどうなっているかも調べられます。中国が月から届けてくれるデータを世界の月科学者が楽しみにしています。

水の存在《そんざい》

最近の月探査でもっとも注目を集めているのは、やはり、月に水があるかないかという問題です。これまでの探査では、リモートセンシングによって水があるようにみえるデータが取れています。しかし、本当に水があるかどうかはわかりません。キラキラと氷のように光っているから氷かと思って行ってみたら、ピカピカ光る石でした、ということもありえます。

氷があるかもしれない月の南極や北極に行ってみるという探査を、さまざまな国が計画しています。たとえば、ロシアは、これから10年くらいの間に、いくつもの探査機を月に飛ばして、南極に氷があるかどうかを確《たし》かめようとしています。中国はまだ氷そのものを目的とした探査計画は発表しておりません。しかし、ロシアと協力して月基地《きち》をつくろうとしているので、南極を探査する自信がついたら、きっと探査車《たんさしゃ》を送りこむでしょう。アメリカも南極探査計画を考えているグループがあって、いっしょにやる国を探《さが》しています。日本といっしょにすることになるかもしれません。もしかすると、2020年あたりにロケットが打ち上がるかもしれません。

はたして、月の南極や北極に人類が使えるたくさんの水があるのかないのか？　極地を最初に掘って探査するのはどの国か？　とても楽しみです。

月の起源《きげん》そして地球の起源

月がどうやって生まれたのか、四つの説を紹介《しょうかい》しました。このうちどれが本当なのか、証拠《しょうこ》をみつけるのは大変です。なにせ46億年も前のことなのですから。月の誕生《たんじょう》と地球の誕生はほとんど同じ時期です。太陽系《たいようけい》の他《ほか》の惑星《わくせい》もほとんど同じ時期にできたと考えられています。ということは、地球を調べても、月の起源についてわかるように思えます。

特に「親子説」や「ジャイアントインパクト説」のような、月が地球からちぎれてできたような説だったら、なにもわざわざ月を調べなくても、地球を調べたほうが簡単《かんたん》なのではないかと思う人も多いでしょう。

ところが、案外と地球で証拠を見つけるのは大変なのです。地球は月よりも内部が暖《あたた》かい天体なので、地面が激《はげ》しく動いています。あたたかいみそ汁《しる》の具が汁の流れにのって浮《う》かんだり沈《しず》んだりしているように、地球の地殻をつくる岩石もマグマとしてわきあがって新しい地面をつくったり、古い地面として地中深くに沈みこんだりしています。東日本大《だい》震災《しんさい》をひきおこしたプレートの移動《いどう》を勉強している人もいるかもしれませんね。新しい地面ができたり、沈みこんだりといったのは、まさにそのプレートの移動のことです。

そのため、地球では地球ができてから最初の6億年にあった地面はほとんど残っていません。ですから、46億年前に何があったかを地球で調べるのはたいへんなのです。

ちなみに、地球が46億年前にできたというのも、地球の岩石でわかったわけではありません。そんな古い岩石は地球では見つかっていないのです。地球に降《ふ》ってきた隕石が46億年前に固まったものだったので、地球も同じころにできたと考えているだけです。

月には46億年前のマグマの海から固まった岩石がたくさん残っています。ですから、46億年前のことは月を調べたほうが、何があったかの証拠をたくさん集めることができそうです。

とはいえ、誰《だれ》も見たことがない時代のできごとですし、月全体にかかわるできごとなので、どこか月の一カ所をくわしく調べればわかるという簡単なことではありません。月のあちこちから、少しずつ証拠を集めて、ジグソーパズルを組み立てるように、できたてのころの月を想像《そうぞう》しなくてはならないのです。

一方、地球の誕生の秘密《ひみつ》をさぐるのにも、月探査が役にたつかもしれません。月から地球に飛んできた隕石があるように、地球から月に飛んでいった隕石もきっとあるでしょう。月に行っててていねいに探したら、できたての地球から飛び出した岩石が月に落ちているかもしれません。探すのはたいへんでしょうが、1個みつけただけで、地球の秘密がたくさんわかる、たいへんな大発見となるでしょう。でもこれは、短期間の宇宙探査でできることではありません。月基地に暮《く》らしながら研究する未来の科学者に期待しています。

ちかく実現《じつげん》したい国際協力の地震《じしん》探査

月がどうやってできたかの大きなてがかりとなるのは、月の地下にどんな岩石がどれほどの厚さの層《そう》をつくっているかを調べることです。そのためには、月に地震計をおくことが大切です。岩石の種類によって、地震の波が伝わる速さがちがいます。ですから、月のいろいろな場所に地震計をおいておき、一つの地震がつくる波がそれぞれの場所にいつ届くかを調べることで、地下のどこに波を速くつたえる岩石があって、どこに波を遅《おそ》くつたえる岩石があるかがわかります。

ところで、火山噴火《ふんか》もない、冷たい天体である月に地震があるというと、ちょっと不思議に思う人もいるかもしれませんね。月でおきる地震を「月震」とも呼《よ》びます。地球でおきる地震のほとんどは、プレートという地球の表面が動いていることによるものです。しかし、月にはこのプレート運動はありません。月震がおこる原因《げんいん》は主に三つです。

一つは、地球の引力によるものです。月の引力が地球の海水を持ち上げて満潮《まんちょう》をつくりだすように、地球の引力も月を地球の方向にのばそうのばそうとしています。月の表側は常《つね》に地球を向いていますが、月が地球を回る時には、地球をむいている方向がわずかに変化します。このときに、のばそうとする力の方向がかわるので、月がゆがんで月震がおこると考えられます。

二つ目は、月の表面に限《かぎ》られますが、隕石衝突によるものです。隕石が月にぶつかると、その振動《しんどう》が月震として伝わります。地球から望遠鏡で月を見ていると、隕石が衝突した場所がピカッと光って見えることがあります。そうすると、月震の起きた場所はわかるので、少ない地震計のデータからもいろいろなことがわかります。

三つ目は、月の表面の昼と夜との温度差によって、表面の岩石が割《わ》れて起こるものです。ただ、これは、地震といえるほどの大きさではないので、地下を調べることにはあまり役に立ちません。

アポロ計画の時も、地震計をおいたのですが、着陸地点が表側ばかりだったので、深いところがどうなっているかがよくわかりませんでした。鉄でできた核《かく》があるのかないのか、あるとしたらその大きさがどのくらいか、というのは、いまでもはっきりとはわかっていません。

というわけで、地震計を月の表や裏のあちこちにおきたいと、世界中の科学者が考えています。しかし、あちこちにおくということは、1回の着陸ではだめで、何度も着陸探査をしなくてはなりません。しかも、同じ地震をいろいろな場所で同時に観測《かんそく》しないといけないので、地震計がどのくらいの期間、壊《こわ》れずに使えるかにもよりますが、できれば1年以上あけないで、次々と地震計をおきたいところです。一つの国でたくさんのロケットを月探査ばかりに使うわけにはいかないので、いろいろな国と協力して、各国が分担《ぶんたん》して地震計をおくことが大切です。

アポロの時代は、仲の悪いアメリカとソ連の競争のおかげで宇宙開発が進みました。しかし、そのようなやりかたは、よくなかったのです。短い間には宇宙開発はすすみましたが、結局は長続きしませんでした。また、二つの国が似《に》たような目標で開発をして、一番乗りできなかった技術《ぎじゅつ》は捨《す》てられたので、無駄《むだ》も多かったのです。

これからの時代は、たくさんの国が協力して、各国の得意なところを活《い》かして無駄のない探査を進めていく時代です。もちろん、そこには競争もあります。しかし、現代《げんだい》の競争は、相手をだましてでも勝とうとするようなものではなく、おたがい良いライバルとして相手を尊敬しつつ科学と技術を競《きそ》い合い、たがいの特徴《とくちょう》を伸ばしあうものとなってきました。

新しいロケット

ロケット開発も新しい時代を迎《むか》えようとしています。アポロ時代のロケットは、国が税《ぜい》金《きん》をつかって開発するものでした。しかし、最近、民間企業《きぎょう》が自分たちのお金で開発するようになってきたのです。そのような会社は、衛星《えいせい》放送のための通信衛星など、民間企業にたのまれてロケットを打ち上げることもあれば、国際宇宙ステーションに荷物を届けるなど、国からたのまれて打ち上げることもあります。ロケットを打ち上げることで、お

図3-1　スペースシャトル（NASA）。

金をもうけられる時代になってきたのです。

そのような民間会社では、今、新しい方式のロケットが開発されています。それは、自分で宇宙からもどってくるロケットです。ふつうのロケットは、スピードを出すためにロケットが3段《だん》ほど重なっていて、燃料《ねんりょう》を使い切った下の段のロケットは切りはなして捨《す》ててしまいます。

使い捨てはもったいないので、くりかえし使おうとしたロケットも昔ありました。それはスペースシャトルです（**図3-1**）。スペースシャトルは飛行機の形をした本体にロケットエンジンを持っていて、打ち上げの時にはこのエンジンを使います。そして、宇宙から帰る時は翼《つばさ》をつかって紙飛行機のようにエンジンの力を使わずに空を飛んで帰ってきます。そして、この宇宙から持って帰ったエンジンを繰り返し使うことで、ロケットの打ち上げ費用を安くすまそうとしました。

しかし、スペースシャトルはとても複雑《ふくざつ》なしくみのロケットとなってしまったために、2度も爆発事故《ばくはつじこ》を起こし、14名の宇宙飛行士が亡《な》くなりました。また、安全対策《たいさく》のためにさらなるお金がかかり、安いロケットではなくなってしまいました。スペースシャトルは、大きな物を運べたので、国際宇宙ステーションの建設《けんせつ》にはなくてはならないものでしたが、2011年にその役目を終えて、廃止《はいし》となりました。

スペースシャトルは大きな宇宙船《うちゅうせん》なので、日本の上空を通過《つうか》する時には、地上から見ることができました。スペースシャトル最後の年に、スペースシャトルが、宇宙ステーションにドッキングしようと近づいているところを、大学の屋上から学生や先生仲間と見たのも懐《なつ》かしい思い出です（宇宙ステーションは今でも地上から見えるので、ぜひ挑戦《ちょうせん》してみてください）。

スペースシャトルの後、NASAは使い捨てロケットにもどすことにしました。その方がかえってスペースシャトルよりも安く打ち上げられると判断《はんだん》したからです。

しかし、最近、くりかえし使えるロケットを新たに開発する企業が続ぞくとあらわれて

図3－2　スペースX社の再利用可能ロケット・ファルコン9（SpaceX）。
打ち上げの写真ではなく、海上のいかだに着陸しようとしている写真。

います。そのトップを走っているのが、スペースX社のファルコン9（ナイン）というロケットです（図3－2）。このロケットは、普通《ふつう》のロケットの形ですが、なんと、切りはなされたあと、自動的に地球にもどってきます。最初は着陸に失敗して爆発したりしていましたが、2015年にとうとう衛星を打ち上げながらも、地球にもどってくることに成功しました。社長のイーロン・マスクさんは、このロケットを量産すれば、ロケットの打ち上げにかかるお金は100分の1になると言っています。そして、この会社では、火星に人を送るためのロケットの開発もはじめています。

今や、国の機関だけでなく、民間企業もどんどん宇宙開発をはじめる時代となってきました。私《わたし》が子どものころの宇宙開発競争は、国と国との意地の張《は》り合《あ》いでおこなわれていました。そのために、あまり長続きしなかったのだと思います。みなさんの時代の宇宙開発は、純粋《じゅんすい》に人びとの宇宙を利用したいという要望に応《こた》えるビジネスとして、おこなわれはじめています。この宇宙ブームは簡単には消えない、本物のブームだと思います。

日本の次の月探査

さて、いろいろな国や企業が、いろいろな目的で月探査を計画していることがわかったかと思います。では、日本の次の月探査は、どのようなものになるのでしょうか？

私は、つい最近まで、セレーネ2（セレーネツー）という大型月着陸探査計画の着陸地点を考えるグループのまとめ役をしていました。しかし、セレーネ2はお金がかかりすぎるということで、2015年春に、正式にやらないことが決まってしまいました。たいへんなお金がかかる宇宙探査では、計画はしたけれども、探査機を作りはじめる前に終わるというのは、よくあることではあります。私は、めげずに次の月探査をおこなうお手伝いをしています。

次の日本の月探査はSLIM（スリム）計画となる予定です。SLIMというのは、Smart Lander for Investigating Moonを略《りゃく》したもので、日本語になおすと、「月探査のための精度《せいど》の高い着陸機」といった意味になります。日本語でいうときは、小型月着陸実《じっ》証機《しょう》といういいかたもします。小型で安くつくることを目標にした探査機なので、「ほっそりした」という意味のスリムが思《おも》い浮《う》かぶようにも考えたシャレた名前です。

この探査機の一番大切な目的は、重力のある天体に着陸するということです。天体がまわりのものをひっぱる引力のことを、重力ともいいます。宇宙探査に詳《くわ》しい人は、「あれ、探査機「はやぶさ」は、小惑星《しょうわくせい》イトカワに着陸したんじゃなかったっけ」と思うことでしょう。たしかにイトカワに着陸したのは本当ですが、イトカワは長さが540mしかない天体なので、探査機をひっぱる重力もたいしたことはありません。がんばってロケットを噴射《ふんしゃ》しなくても、ふわっと降《お》りることができます。

しかし、月は地球の6分の1ではありますが、大きな重力があります。着陸するときにロケットを地面にむけて噴射しておかないと、どんどんスピードを増《ま》して落ちていって、最後はものすごいスピードで地面に激突《げきとつ》して、探査機は粉ごなにくだけてしまいます。

重力のある天体にスピードを落としてふわっと着陸することを軟着陸《なんちゃくりく》と呼びます。日本は、まだ重力のある天体に軟着陸した経験がありません。重力のある天体に軟着陸したことがある国は、アメリカ、ロシア（ソ連時代をふくむ）、中国だけです。アメリカは、月に1966年、火星に1976年、軟着陸を成功させています。ロシア（ソ連時代をふくむ）は、月に１９６６年、火星に１９７１年、金星に１９７２年、軟着陸を成功させています。そして、中国は２０１３年に月への軟着陸に成功しました。また、ヨーロッパ宇宙機関というヨーロッパの国ぐにがいっしょにやっているグループでは、土星の衛星のタイタンに２００５年に軟着陸を成功させました。

こうしてみると、軟着陸は、そうそう簡単にはできないむずかしい挑戦であることがわかるでしょう。そして日本も２０１９年度の終わりころに、「スリム」で月への軟着陸に挑戦します。

この「スリム」では、世界ではじめての挑戦もします。それは、着陸したいところをねらって降りる、ピンポイント着陸です。「スリム」には、画像《がぞう》を見て考える頭のよいコンピューターがつまれています。そのコンピューターにあらかじめ、降りたい場所の地図を覚えさせておきます。

いざ着陸という時には、「スリム」のカメラが月面を撮影《さつえい》して、その画像をもとに、コンピューターが、「今、自分が地図のどこにいるか」を考えます。そして、降りたい場所に降りられるように、ロケットの噴射を自動で調整するのです。おおよそ、降りたいところから１００ｍ以内くらいの近いところに着陸させる予定です。

「スリム」をどこに着陸させるか、そして、そこで何を観察するのか、すでにたくさんのアイデアが検討《けんとう》されています。ちかいうちに、くわしくお話できるときがくると思いますので、楽しみにまっていてください。

第4章　月で人が暮《く》らすために（月の資源《しげん》開発）

宇宙《うちゅう》資源《しげん》の考え方

人類が宇宙で生活するためには、宇宙の資源を使うことが大切です。資源とは、自然から得られる、人間の生活に役にたつものです。地球の資源と言えば、鉄をつくる鉄鉱石《てっこうせき》とか、エネルギーの元となる石油などが思《おも》い浮《う》かぶかと思います。

宇宙の資源と言った時に、多くの人は、地球に持って帰って使うものだと思っています。確《たし》かにそういう資源もなくはないですが、本当の宇宙の資源は、宇宙での生活に使うものです。

理由は簡単《かんたん》です。今の人類の技術《ぎじゅつ》で、月まで1kgのものを運ぶのに、だいたい1億円かかります。1kgというと、水1リットル分です。月から地球にものを持って帰るのも、今は同じくらいのお金がかかります。もし、月に金《きん》がころがっていたらどうでしょう。現《げん》在《ざい》、地球で金は、1gでおおよそ5千円します。1kgだと500万円。1億円かけて500万円の金を運んだのでは、まったく大損《おおぞん》です。

しかし、逆《ぎゃく》に、月で宇宙飛行士が飲む水を持っていくとするとどうでしょう。1リットルあたり1億円もかかるのです。なんという高価《こうか》な水なのでしょうか。もし、月に水があったら、たいへんな節約になります。宇宙で使う資源を宇宙で見つけたい理由がわかりましたか？

では、地球から一番近い月に、どんな資源があるかを見ていきましょう。カバー・表紙のイラストを口絵とここにも説明つきでのせておきます（**図4-1**）。イラストに描《えが》かれているさまざまな施設《しせつ》の意味もあわせて説明していきましょう。

エネルギー

月でのエネルギーの源は、なんといっても太陽電池で発電する電気です。太陽電池は電池と名前がついていますが、太陽の光を電気に変える物質《ぶっしつ》を薄《うす》くならべたものです。この便利な物質はケイ素《そ》（シリコン）というものでできています。ケイ素は月や地球の石の中

月面基地
電波望遠鏡
宇宙望遠鏡
資源採掘小惑星
つくりかけの
宇宙船
宇宙船造船
ステーション
新国際宇宙
ステーション

ブロック工場
原子力電池工場
宇宙ホテル
金属工場
月一周太陽光発電パネル
宇宙港
SPACE
宇宙農場ドーム
酸素工場
PORT
地球観測望遠鏡
ヘリウム
工場
氷採掘基地

図4－1

に、たくさん入っているので、石を高い熱で溶《と》かして取り出すことができます。

最初は地球でつくった太陽電池パネルを月に運びます。しかし、そのうち、月に太陽電池パネル工場ができることでしょう。工場では月の石からケイ素を取り出すために、高熱で石を溶かします。その熱は太陽電池でつくった電気をつかって発生させるか、太陽の光を鏡であつめて発生させることになるでしょう。

太陽電池は、太陽の光が当たっていないと、電気をつくることができません。そこで、太陽がたくさんあたる場所も、土地という資源であると考えることができます。では、どんなところが太陽がたくさんあたるのでしょうか?

地球だったら、晴れの日が多い地域《ちいき》ということになるでしょうが、月には空気がないので、毎日が晴天です。では、どこでもいっしょかというと、そうではありません。月では昼が2週間つづいて、その後で夜が2週間つづきます。夜の間は、普通《ふつう》の場所では太陽電池にまったく太陽の光が当たりません。

しかし、夜の間も太陽が見える地域があります。それは、月の北極や南極にある丘《おか》の上です。**図4-2**を見てください。月は丸いので、夜の間は、太陽はみなさんのいる地面の反対側を照らしています。夜の地域で太陽がのぞけそうなところはあるでしょうか? そ

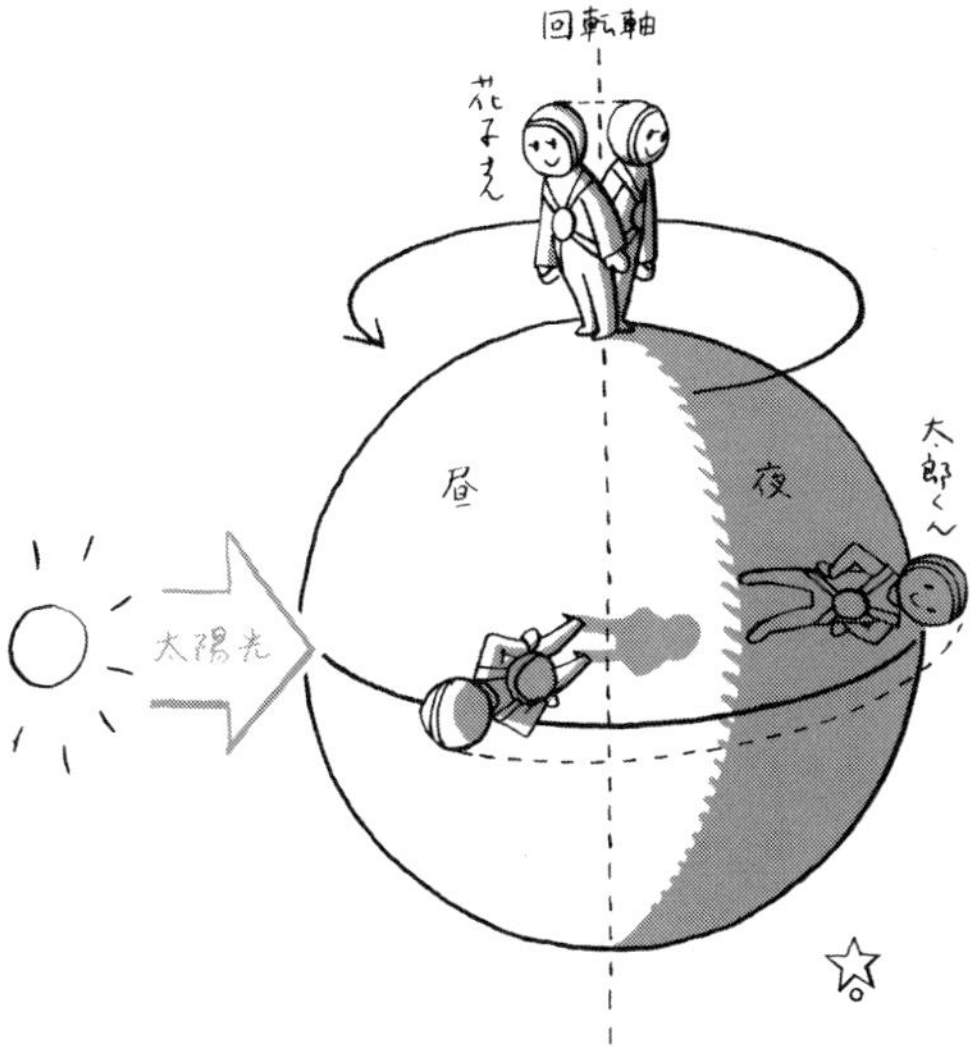

図4－2　月でいつも太陽が見える場所（花子さんの所）のしくみ。

う、夜と昼の境《さかい》の部分です。ここなら、太陽が見えそうですね。太郎《たろう》君や花子さんがいるところは、太陽がのぞけそうです。でも月はぐるぐる回っているので、太郎君はすぐに太陽が見えない夜の側に回っていってしまいます。しかし、花子さんはどうでしょう。ちょうど回転する軸《じく》の上にいるので、いつまでも、夜と昼の境にいることができます。

このように、北極と南極には、太陽が沈《しず》まない地域があります。ここでは、太陽はどのように見えているかというと、地球の夕方のように太陽が地平線の近くにあるのですが、地平線から下に沈んでいくのではなく、地平線にそって、あなたのまわりをぐるりと回るように動きます。実際《じっさい》は、まわりの山の陰《かげ》になったりして、100％いつも太陽が見える地域はないようです。しかし、80％以上の時間、太陽が見えている地域はあることがわかりました。このような地域に基地《きち》をつくって、太陽電池パネルを屋根の上に高くあげて、太陽の方向をいつも向くようにパネルをモーターでぐるぐる回せば、ほとんどとぎれることなく電気をつくりだすことができます。

宇宙では太陽光発電がもっともよく使われるエネルギー源《げん》ですが、次によく使われているのが原子力電池です。原子力電池とは、放射線《ほうしゃせん》を出す物質（放射性物質）を集めたもので、放射線がつくりだす熱を利用して電気をつくる電池です。この電池は、何十年も電気をつくりだすことができるので、太陽の光が弱くなる木星や土星、さらに太陽からはなれた宇宙を探査《たんさ》する時にはなくてはならないエネルギー源です。

しかし、地球から原子力電池を打ち上げると、ロケット打ち上げが失敗した時に、放射性物質が地球に落ちてくる心配があります。実際は、原子力電池は頑丈《がんじょう》なので、放射性物質がもれ出す心配はほとんどないのですが、それでも原子力電池の打ち上げに反対する声は年々高まっています。

この問題を解決《かいけつ》するのが、月の原子力電池工場です。月にある放射性物質を集めて月で原子力電池をつくるようにすれば、月から原子力電池を打ち上げることができます。万が一月に原子力電池をつんだロケットが墜落《ついらく》して、万が一放射性物質がもれ出したとしても、月には大気がないので、放射性物質がまわりに広がる心配はありません。

未来のエネルギー源として、ヘリウム3という物質も注目されています。この物質は太陽から飛んできて、月のレゴリスにくっついています。核融合《かくゆうごう》という特別な方法を使うことで、たくさんの電気をつくることができると考えられています。たとえば、スペースシャトル1杯《ぱい》分（25トン＝25000kg）のヘリウム3を地球に持ち帰れば、アメリカが使う1年分の電気が発電できると考えられています。ただし、核融合で発電する方法は、まだ発明できていません。もうすぐ発明できるという人もいれば、まだまだ何十年もかかるという人もいます。

イラストでは、月を一周する太陽電池パネルが描かれています。これは、清水建設《けんせつ》という会社が考えたアイデアをもとにしています。清水建設ではこの電気を地球に送るということまで考えています。イラストにはヘリウム工場も描かれています。レゴリスにくっついたヘリウムは、レゴリスを少し温めるとレゴリスからはなれるので、簡単に取り出すことができますが、レゴリスにくっついている量は少ないので、たくさんのレゴリスを集める必要があります。北極近くにある月面基地には、地平線近くをまわる太陽をおいかけて回る太陽電池のタワーがあります。原子力電池工場も描かれていますが、放射性物質が月で十分に集められるかどうかは、これからの月探査で調べる必要があります。

空気

人間が生きていく上で、絶対《ぜったい》になくてはならない資源はなんでしょう？　それは、なんといっても空気です。空気がなくなったら、人間はあっという間に死んでしまいます。空気の中でも必要なものは、酸素《さんそ》です。地球の大気は約20％が酸素で残りのほとんどが窒素《ちっそ》です。

酸素は他のものと結びつくときにエネルギーを出します。物が燃《も》えるということは、物が酸素とどんどんくっついて熱エネルギーを出している状態《じょうたい》です。人間の体の中でも、食べ物と酸素をゆっくりとくっつけて、エネルギーを取り出しているのです。

月には空気はありません。でも、月にはたくさんの酸素があります。さて、どこにあるのでしょうか？　実は、石の中に酸素が入っています。それも、少し混《ま》じっているという程度《ていど》ではありません。石の体積のほとんどは酸素だと言ってもいいくらい入っています。石の中で、酸素は、ケイ素や、鉄など、他の成分とくっついています。

酸素と他のものがくっつくと熱を出すことは話しました。逆にすでに他のものと酸素がくっついている石から、酸素をはがすには、高い熱が必要です。この熱は、太陽電池で発電した電気でつくるか、太陽光を鏡で集めてつくることになるでしょう。

イラストでは、酸素工場が描かれています。酸素をつくる時に、同時にあとでお話しする金属《きんぞく》もできるので、酸素工場と金属工場はならんでいます。

水

人間が生きていくために、空気の次に大切なものはなんでしょう？　それは、水です。アポロ計画で月の表面には水がないことがわかりました。しかし、最近、月の北極や南極には、水があるかもしれないと言われはじめています。

月の北極や南極の近くでは、太陽は地平線の近くにずっとあります。そんな極地では、深い谷などの低い場所で、太陽の光が全く差しこまないところも出てきます。こういうところを、永久影《えいきゅうかげ》といいます。「かぐや」の探査で永久影の場所がわかりました。私《わたし》は、永久影の一つである、シャクルトンクレーターの底の地面の温度を計算してみました。すると、なんと、マイナス１８０℃を超《こ》えないほどの冷たい場所であることがわかったのです。

科学者の多くは、そんな冷たい永久影に、水があるのではないかと考えています。なぜ、そこに氷があるのでしょうか？　三つの理由が考えられます。

一つ目は、彗星《すいせい》です。彗星というのは、ほうき星とも言われる、光の尻尾《しっぽ》の生えた天体です。彗星は氷と石とでできていて、太陽に近づくと氷が溶けて少しずつバラバラになります。その破片《はへん》が光ってほうきのような尻尾に見えるのです。この彗星が、ときどき月に落ちてきます。月に落ちた彗星は粉ごなにくだけますが、その時に蒸発《じょうはつ》した氷が、永久影の冷たいところで凍《こお》りつくのではないかと考えられています。

二つ目は、太陽風です。太陽からいろいろな物質が飛んできますが、それをまとめて太陽風と呼《よ》びます。水素《すいそ》という物質もたくさん飛んできます。この水素が月の石にふくまれている酸素にぶつかると、水ができるのではないかと考えられています。できた水は、月の昼のうちに蒸発してしまいますが、永久影だと蒸発しないで凍ったままでいられるので、氷がたまるのではないかと考えられています。

三つ目は、地下からわいてくる水です。月の表面には水が見つかりませんが、深いところには、水をふくんだマグマがあるかもしれないと考える人もいます。そこからしみ出した水が火山ガスとして、ほんの少しずつ月の表面にもれ出してきていて、それが永久影に凍りついているのではないかと考えています。

本当に永久影に氷があるのかないのかは、わかっていません。これから、アメリカや、ロシアや、中国が、それを確かめるためのロケットを打ち上げようとしています。アメリカのロケットに、日本も協力しようかという相談もはじまっています。

もしかすると、永久影には、学校のプールを1万個《こ》集めたよりもたくさんの水があるかもしれません。水は飲み水として使えるだけでなく、電気を使って分解《ぶんかい》すると、酸素をつくることができます。もし、たくさんの水が月にあれば、地球からたくさんの水や空気を運ばなくてもよくなるので、月に基地をつくることが、とても簡単になります。

イラストでは、南極の永久影でレゴリスを掘《ほ》り出《だ》しているショベルカーや、氷を溶かして水をつくる工場が描かれています。

食料

空気や水が用意できたら、次に必要なのは食料です。これは、なかなか簡単ではありません。水と太陽があれば、いくらでも野菜がつくれるのではないかと思うかもしれませんが、それは地球での話です。野菜などの植物も、私たちの体も、たくさんの炭素《たんそ》という物質がふくまれています。植物は、地球の空気にふくまれている二酸化《にさんか》炭素というガスから炭素をとって自分の体をつくっていますし、動物は植物を食べて、植物の体から炭素をとって自分の体の材料にしています。また、体を動かすエネルギーをつくるためにも、炭素をふくんだ物質を体の中で酸素とくっつけなくてはなりません。

最初に必要な食べ物は、地球から持っていかなくてはならないでしょう。しかし、一度もっていけば、大丈夫《だいじょうぶ》です。私たちが食べた炭素は、私たちの息の中の二酸化炭素として外に出ていったり、うんちとして出ていったりします。月の基地では、捨《す》てるものはなにもありません。吐《は》いた息も、うんちも、宇宙にすてないでためておき、植物に食べさせて、また人間の食べ物にするのです。

イラストでは、ドームの中に空気を閉《と》じ込《こ》めた宇宙農場が描かれています。月の昼は2週間、月の夜も2週間あるので、長い夜の間に植物を枯《か》らさないように、電気を使った人工照明が必要です。

基地の材料

人間が月で何カ月も生活するためには、基地をつくる必要があります。特に、大気のない月の上では、宇宙から強い放射線が降《ふ》りそそいで来るので、放射線を防《ふせ》ぐために何mもの厚《あつ》さの壁《かべ》が必要です。

基地をつくる材料を地球から運んだのでは、お金も時間もいくらあっても足りません。そのため月の基地は、月にある資源を使ってつくらなくてはなりません。基地の壁となるブロックは、月のレゴリスからつくります。レゴリスを高い温度で焼き固めてレンガをつくるのです。高い温度は、太陽電池で発電した電気のエネルギーを使うか、太陽の光を鏡で集めてつくりだします。

大きな建物を建てるためには、金属の材料も必要でしょう。月の石には、鉄やアルミニウムがふくまれているので、それを取り出して金属をつくります。やはり高い熱が必要です。

月の自然の地形を使って、基地を簡単につくってしまおうというアイデアもあります。「かぐや」が月に１００ｍくらいの直径の大きな穴《あな》があいている場所を見つけました。その下には、溶岩《ようがん》が流れてつくった溶岩トンネルがあるかもしれません。もし、溶岩トンネルがあれば、自然の壁を利用できるので、大きな基地を少ない材料でつくることができます。

イラストでは、太陽光を鏡で集める方式のレンガブロック工場が描かれています。「かぐや」の見つけた穴には宇宙ホテルがつくられています。

ラグランジュポイントの活用

人間の役にたつ特別な場所も、一種の資源と考えることができます。**図4－3**を見てください。地球と月の引力のひっぱり合いで、宇宙ステーションが落ち着いてとどまっていられる場所が5カ所あります。この場所はラグランジュポイントと呼ばれています。このラグランジュポイントに、ロケット建設基地や宇宙ステーションがつくられることでしょう。

特に月の裏側《うらがわ》の上空にあるラグランジュポイントは、月の裏側と通信するにも、月と資源をやりとりするのにも便利なので、5カ所のなかでも一番活用されるところになるでしょう。人気アニメの機動戦士ガンダムの一番最初のシリーズに出てくるジオン公国という国も、この月の裏のラグランジュポイントにある人工都市にあることになっています。

地球のような重力の大きな天体でロケットをつくると、打ち上げるのにたくさんの燃《ねん》料《りょう》が必要になります。そのため、未来の世界では、火星や木星に向かう大きなロケットは宇宙でつくることになるでしょう。また、小惑星《しょうわくせい》をラグランジュポイントまで運んで

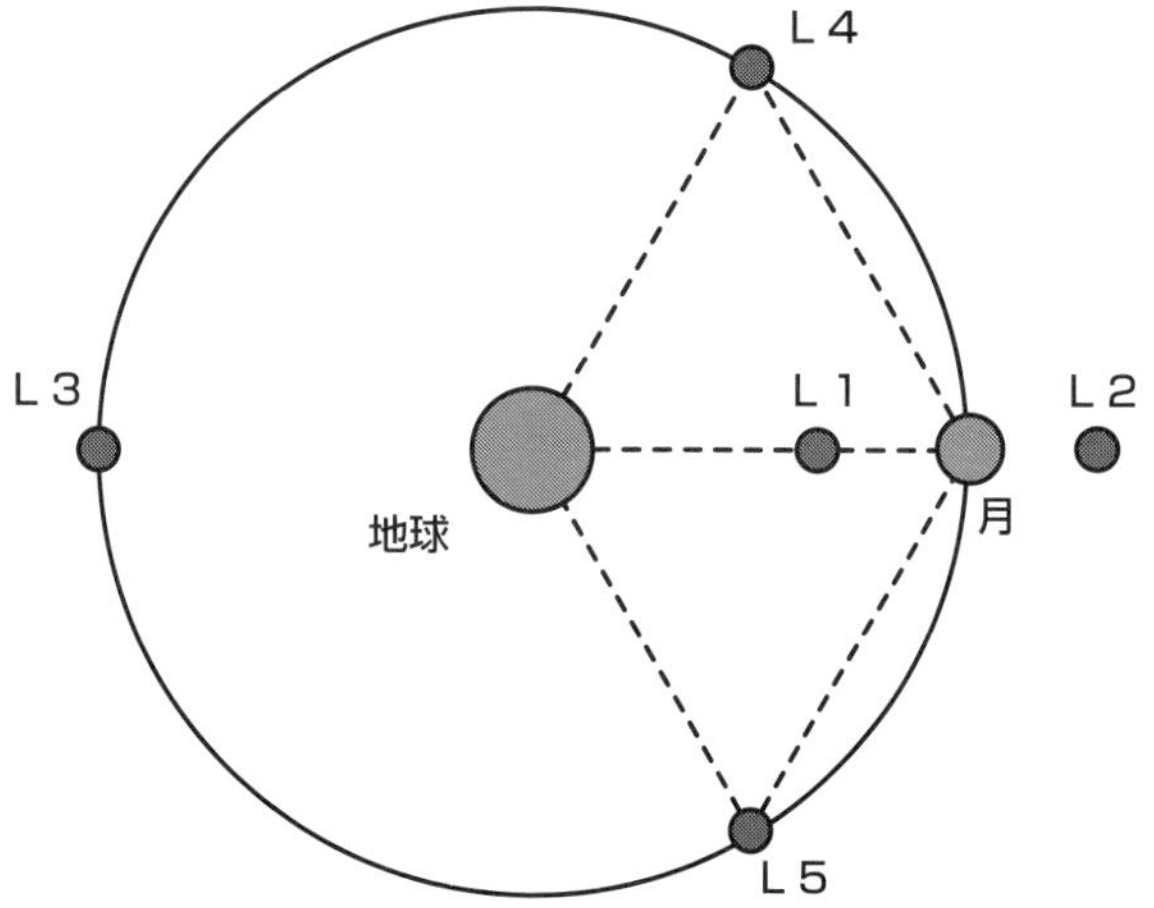

図４－３　ラグランジュポイントの位置。

来て、小惑星の資源を掘り出すというアイデアもあります。

イラストには、月の裏側上空に、巨大《きょだい》ロケット建設基地や、小惑星採掘《さいくつ》基地、新しい国際《こくさい》宇宙ステーションが描かれています。

科学観測《かんそく》に良い場所

良い場所の中には、科学観測に良い場所もあります。まずは月の表側です。第1章で、月はいつも同じ側（表側）を地球に向けているとお話ししました。つまり、月の表側に望遠鏡をつくれば、いつでも地球を観測することができます。国際宇宙ステーションは、地上から４００㎞くらいの高さを飛んでいるので地球全体を見渡《みわた》すことはできませんが、月からなら、地球の半分を一度に観察することができます。

月の裏側にも良い場所があります。月の裏側は地球が見えませんが、そのほうが都合がいい場合があります。地球が見えたら良くないことはなんでしょうか。地球の直径は月の直径の約四倍なので、面積は十六倍もあります。さらに、青い海や白い雲を持つ地球は月よりも太陽の光をたくさん反射《はんしゃ》するので、地球で見る月よりも月で見る地球の方が何十倍も明るくなります。そんな明るい地球が空に浮《う》かんでいたら、望遠鏡に地球の光が入ってきて、暗い星が見えにくくなってしまいます。つまり、地球が見えない月の裏側は、宇宙を調べる望遠鏡をつくるのに、良い場所ということになります。

また、地球からはさまざまな電波も出ています。宇宙を観察する時に、目に見える光だけでなく、電波も使います。月の裏側は、地球の電波にじゃまをされずに、電波望遠鏡で宇宙を観察できる、良い場所なのです。

イラストでは、月の表側に地球を観測する望遠鏡を、月の裏側に宇宙を観測する光学望遠鏡や電波望遠鏡を見ることができます。

終章　宇宙にかかわるしごとをするには

講演会《こうえんかい》やイベントで、宇宙《うちゅう》に興味《きょうみ》のある小・中学生と話すことがあります。そこでよくあった質問《しつもん》は「宇宙探査《たんさ》や宇宙開発にかかわるにはどの大学の何学部に行けばよいでしょうか？」という問いです。

出会ったみなさんに聞いてみると、多くの小・中学生がイメージしている進路は、「ＪＡＸＡ《ジャクサ》に入って宇宙飛行士になるかロケットを開発する」という道か、「天文学者になって宇宙の研究をする」という道です。確《たし》かに、そういう道もありますが、それはほんの一部です。宇宙へつながる道は、実はびっくりするほどたくさんあります。

まず、ロケットや探査機《たんさき》の開発についてですが、もちろんＪＡＸＡのみなさんはロケットや探査機の設計《せっけい》や、できたもののテストに深くかかわっています。しかし、実際《じっさい》にものをつくっているのは民間会社の人たちです。たとえば国際《こくさい》宇宙ステーションをつくる時には、なんと約650社もの日本の企業《きぎょう》がかかわっているということです。

知らずに会社に入ったら、びっくり！　宇宙にかかわることになりました……という人たちもきっとたくさんいることでしょう。私《わたし》も、かつての教え子と宇宙研《うちゅうけん》（JAXAの中で宇宙科学をやっているところ）近くの食堂でばったり会って、びっくりしたことがあります。彼女《かのじょ》はコンピューターのソフトウェアをつくる会社に就職《しゅうしょく》したのですが、人工衛星《えいせい》のソフトウェアをつくることになったということです。

また、「宇宙の研究をしているのは天文学者」という考えも、かなりな誤解《ごかい》です。この本を読んでいただいた皆《みな》さんはすでにお気づきとおもいますが、さまざまな科学者がかかわっています。

実は私も大学に入るまで、宇宙探査は天文学者がやっていると思っていたのですが、実際に宇宙の岩石を研究しているのは、地質《ちしつ》学者や鉱物《こうぶつ》学者だということを知って、そちらの道に進みました。金星や木星の大気の部分は気象学者が研究していますし、地下がどうなっているかは地震《じしん》学者が研究しています。最近は「他《ほか》の天体に生命があるか」とか「生命の種は宇宙から来たかもしれない」という研究をする生物学者も増《ふ》えてきています。

また、天文学者も、遠くを望遠鏡で観測《かんそく》しているだけではありません。「かぐや」で月の地形を詳《くわ》しく測《はか》ったり、月の回転のわずかなゆらぎから月の内部がどうなっているかを調べているのは、天文台の科学者グループです。

というわけで、宇宙にかかわる研究は、みなさんの想像《そうぞう》をはるかに超《こ》えて、たくさんあります。宇宙と関係ない分野を探《さが》す方がむずかしいと言っても言《い》い過《す》ぎではないでしょう。若《わか》いみなさんは、宇宙にかかわろうと、あわてて目標をしぼらないで、いろいろな分野に目を向けることが大切かと思います。

さらに、もっと頭をやわらかくしてみましょう。火星に都市ができるような世の中が近づいたら、ありとあらゆる仕事が宇宙に飛び出します。

宇宙農業、宇宙医学、宇宙服《うちゅうふく》デザイナー、宇宙観光……それらの専門家《せんもんか》はもういます。もっと未来には、宇宙美容師《びようし》、宇宙弁護士《べんごし》、宇宙保母《ほぼ》さん、宇宙料理人、宇宙旅行作家、などなど、あらゆる職業《しょくぎょう》が宇宙へ飛び出すでしょう。

みなさんの身の回りの方々の職業の頭に「宇宙」という文字をつけてみてください。そんな職業も、きっと必要になる時代が来ます。

もし、その「宇宙なになに」という職業の人がまだいなかったとしたらどうでしょう。あなたがはじめれば、あなたはすぐに「宇宙なになに」の分野の世界一の専門家になれてしまいます。

ヨーロッパ人がアフリカやアジアやアメリカ大陸への冒険《ぼうけん》をはじめた大航海時代も、そうやってビッグチャンスをつかんだ人がたくさんいたと思います。しかし、その「宇宙なになに」が世の中に必要となるよりも、はるか前からはじめると、世界一の専門家にはなれますが、「宇宙なになに」ではお金がかせげず、結局続けられないという恐《おそ》れもあります。

それでは困《こま》るという人は、どうすればよいでしょうか。

「宇宙なになに」では、今はお金が稼《かせ》げないかもしれませんが、「地球なになに」はすでにその職業があるとします。ならば、「地球なになに」の専門家になって、しっかり稼いで、その知識《ちしき》と経験《けいけん》を宇宙に向ければ良いのです。

さらに、「地球なになに」が「宇宙なになに」と関係なくても良い場合すらあります。アメリカではインターネットビジネスで稼いだお金で、宇宙ロケットを開発する人が続々とでてきました。そんなやり方もかっこいいですね。

しかし、実際のところは、日本人のほとんどはすでに宇宙開発にかかわっています。宇宙開発が国民の税金《ぜいきん》によっておこなわれていたり、国民の意見が国の宇宙開発の方向を左右したりすることは言うまでもないことです。もっと大切なことがあります。それは、日本の宇宙開発は、日本のきちんとした社会システムに支《ささ》えられているということです。社会システムというのは、人と人とが複雑《ふくざつ》につながって全体が一つの生き物のように、うまくはたらくしくみのことです。

清潔《せいけつ》な水、安定した電力、まちがいなく配達される書類や荷物、とぎれない通信、まじめなものづくり、きちんとした教育制度《せいど》、ごまかしのない商売、不正のない政治《せいじ》、安心できる医療体制《いりょうたいせい》、などなど、日本では、社会システムがきちんとはたらくように、一人ひとりがそれぞれの持ち場でしっかりはたらいています。宇宙ロケットは、たくさんの人が、数え切れないほどの部品を使って、短い時間でつくらなければなりません。みんなのつくる社会システムが宇宙開発の成功に結びついているのです。

日本のロケットが打ち上がったら、自分たちも関係しているのだと思って、成功を共によろこびましょう。他の国のロケットが打ち上がったら、その国の人たちもがんばっているのだと尊敬《そんけい》し、拍手《はくしゅ》を送りましょう。

そして、競争したり協力したりしながら磨《みが》いた技術《ぎじゅつ》で、人類の活動できる世界をさらに遠くの宇宙へとひろげようではありませんか。

宇宙探査国別はじめて年表

（その1）自分の国のロケットで人工衛星をはじめて打ち上げた年

宇宙に飛び出す第一歩は人工衛星を打ち上げる技術です。

１９５７　旧ソビエト連邦　スプートニク1号
１９５８　アメリカ　エクスプローラー1号
１９６５　フランス　アステリックス
１９７０　日本　おおすみ
１９７０　中国　東方紅1号
１９７１　イギリス　プロスペロ
１９７９　ヨーロッパ宇宙機関　ＣＡＴ-1
１９８０　インド　ロヒニ
１９８８　イスラエル　オフェク1号
１９９２　ロシア（旧ソ連から引き継ぎ）　コスモス２１７５号
１９９２　ウクライナ（旧ソ連から引き継ぎ）　ストレラ
２００９　イラン　オミド
２０１２　北朝鮮　光明星3号2号機

（その2）月探査のレベルアップに成功した年

探査レベル１：周回探査（月をまわる人工衛星をつくることに成功）
１９６６　ソ連　ルナ10号
１９６６　アメリカ　ルナ・オービター1号
２００４　ヨーロッパ宇宙機関　スマート1
２００７　日本　かぐや
２００７　中国　嫦娥《じょうが》1号
２００８　インド　チャンドラヤーン1号

探査レベル２：軟着陸探査（月に探査機がこわれないようにふわりと着陸することに成功）
１９６６　ソ連　ルナ9号
１９６６　アメリカ　サーベイヤー1号
２０１３　中国　嫦娥（じょうが）３号
（２０１９　日本はＳＬＩＭ計画で初挑戦する予定）

探査レベル３：ローバー探査（無人観測ロボットで月面を探査）
１９７０　ソ連　ルナ17号
２０１３　中国　嫦娥《じょうが》3号

探査レベル4：サンプルリターン（月から石を地球に持って帰る探査）

1967　アメリカ　アポロ11号（有人探査とともに）

1970　ソ連　ルナ16号

探査レベル5：有人探査（人間を月に着陸させ、地球にもどってくる探査）

1967　アメリカ　アポロ11号（人類を月に送ったのはアメリカだけ。1972年のアポロ17号を最後に、それ以後、月に立った人はいない）

（その3）火星探査のレベルアップに成功した年

探査レベル1：周回探査（火星をまわる人工衛星をつくることに成功）

1971　アメリカ　マリナー9号

1971　ソ連　マルス2号

（2003　日本　探査機「のぞみ」は火星を回る軌道に入ることに失敗）

2003　ヨーロッパ　マーズ・エクスプレス

2014　インド　マーズ・オービター・ミッション

探査レベル2：軟着陸探査（火星に探査機がこわれないようにふわりと着陸することに成功）

1971　ソ連　マルス3号

1976　アメリカ　バイキング1号

探査レベル3：ローバー探査（無人観測ロボットで火星を探査）

1997　アメリカ　マーズ・パスファインダー（ローバー名はソジャーナ）

探査レベル4：サンプルリターン（火星から石を地球に持って帰る探査）

まだどの国もやれていない

探査レベル5：有人探査（人間を火星に着陸させ、地球にもどってくる探査）

まだどの国もやれていない

あとがき

最後まで読んでいただき、ありがとうございました。

この本は、私が小・中学生だったころに、「こんな本が読みたい」と思っていた内容をいろいろとつめこみました。その中の一つでも、みなさんの心にひびくものがあったらうれしいです。

この本のミニ実験コーナーでは、宇宙《うちゅう》で起こっていることを、身近なものに例える実験をいろいろ紹介《しょうかい》しました。身近なものに例えているのは、子ども向けの本だからだと思われたかもしれませんが、そうではありません。月や惑星《わくせい》を研究している科学者は、いつも、「あの天体で起こっているあのことは、もしかしたら、身近なあのことと同じしくみではないのだろうか」と考えています。ミニ実験から、科学者のものの考え方を感じてもらえたらうれしいです。

また、この本には、インターネットで調べても出会えない、月の科学者でなければ語らないようなことをたくさん書きました。小・中学生から読める本ではありますが、高校生や大人が読んでも、きっと初めて知ることがたくさんあるでしょう。

そして、なんといっても、この本で私が気に入っているのは、大町駿介さんに描《えが》いていただいた、カバーイラストです。カバーイラストと、カバーをめくった表紙とは、少し変化があるので、そのちがいもぜひ楽しんでください。

私が子どものころは、アポロ計画があったので、月や火星に基地ができている何十年か先の未来図が、週刊漫画雑誌《まんがざつし》や子ども向けの学習書にたくさんのっていました。しかし、今は、そういう未来図がとても少なくなりました。今の宇宙の本では、すでに開発されていたり、数年後には実現したりするロケットや探査機《たんさき》の写真やCGばかりが目立っています。本物や本物に近いものを紹介するというのは、それはそれで素晴らしいことです。しかし、私の本では、20年後から50年後に月に宇宙港をつくる未来について書いていますので、遠い未来への想像をかきたてる未来図がどうしても欲《ほ》しかったのです。

そこで、私が子どものころにワクワクした科学的な未来図でありながら、現代のみなさんの心にもひびくような、かわいらしさのあるイラストを描いてくださる大町さんにお願いしました。本文中のイラストも一部描いていただいています。大町さんのイラストのおかげで、専門的《せんもんてき》な内容も、わかりやすくなったと思います。

この本ができるまでに、たくさんの方のお世話になりました。本を書く機会をあたえていただいた、新日本出版社のみなさまと担当編集の柿沼秀明さんに、感謝いたします。柿沼さんには、「イラストにはぜひ大町さんを」という私のわがままを実現していただくなど、理想の本をつくるために数々の手助けをしていただきました。解説図のトレースや校正など、本づくりのていねいな作業をしていただいた編集部と印刷所のみなさまにも感謝いたします。

柿沼さんに月の本の著者《ちょしゃ》として私を紹介してくださったのは、太陽や宇宙線の研究をする科学者である宮原ひろ子さん（専門は宇宙気候学）だとお聞きしました。２０１４年の夏に講談社ブルーバックスに私が書かせていただいた『世界はなぜ月をめざすのか』という本を宮原さんが読んでくださっており、月でおもしろい本を書く人がいると柿沼さんに紹介してくださったのだそうです。

宮原さんは、『地球の変動はどこまで宇宙で解明できるか　太陽活動から読み解く地球の過去・現在・未来』（化学同人）という本で第31回講談社科学出版賞を受賞された、研究者としても本の著者としても素晴らしい経歴をもたれた方なのですが、その宮原さんに私の本をおもしろいと言っていただけたことは大変光栄です。

小・中学生にミニ実験コーナーのネタが楽しめるかどうかをためすためと、実験している写真を撮《と》るために、大阪大学の教員のご子息の谷宗一郎君と谷幸士郎君に協力していただきました。小学生の意見が聞けて、とても助かりました。

ＪＡＸＡ《ジャクサ》と日本宇宙フォーラムとＮＨＫ《エヌエイチケイ》の広報のみなさまには「かぐや」や「かぐや」が撮影した画像の使用を許可していただき、ありがとうございました。

多くの宇宙探査の写真を簡単《かんたん》なルールで使用できるようにしていただいているＮＡＳＡ《ナサ》

には感謝するとともに、その公開のやり方を尊敬《そんけい》いたします。

ロケット打ち上げの写真に写っている「かぐや」カメラチームのみなさんには快く写真掲載の許可をいただきました。チームのみなは、もちろん今も月科学をする仲間です。次の月ロケットの打ち上げでも、また現地に集まれたらいいなあと楽しみにしています。

「かぐや」打ち上げを一緒《いっしょ》に見た娘《むすめ》たちは、当時、幼稚園《ようちえん》と小学生でした。今は中学生と高校生です。次の日本の月ロケットが打ち上がる時には、もっと大きくなっているでしょう。また家族で打ち上げを見に行きたいものです。

この本を読んだみなさんとも、打ち上げの時に会えるかもしれませんね。そして、さらにその先の月ロケットは、みなさんが打ち上げているかもしれませんね。未来がとても楽しみです。

２０１６年９月17日（十五夜直後の満月をながめつつ）

佐伯和人

その時の月
（撮影・柿沼秀明）

佐伯和人（さいき　かずと）

1967年、愛媛県生まれ。博士（理学）。東京大学大学院理学系研究科鉱物学教室で博士取得。専門は惑星地質学、鉱物学。ブレイズ・パスカル大学（フランス）、秋田大学を経て、現在、大阪大学理学研究科宇宙地球科学専攻准教授。JAXA月探査「かぐや」プロジェクトの地形地質カメラグループ共同研究員。月探査SELENE－2計画着陸地点検討会の主査を務め、月探査計画SLIMにかかわるなど、複数の将来月探査プロジェクトの立案に参加している。著書に『世界はなぜ月をめざすのか』（講談社ブルーバックス）がある。

イラストレーション　大町駿介
（カバー・表紙および口絵図4－1、本文図1－3・1－13・4－1・4－2）

月《つき》はぼくらの宇宙港《うちゅうこう》

2016年10月25日　初　版
2017年 4 月10日　第2刷

作　　者　佐伯和人
発 行 者　田所　稔

郵便番号　151-0051　東京都渋谷区千駄ヶ谷4-25-6
発行所　株式会社　新日本出版社
電話　03（3423）8402（営業）
03（3423）9323（編集）
info@shinnihon-net.co.jp
www.shinnihon-net.co.jp
振替番号　00130-0-13681

印刷　亨有堂印刷所　　製本　小高製本

落丁・乱丁がありましたらおとりかえいたします。

ISBN978-4-406-06064-6 C8044　Printed in Japan